工业和信息化精品系列教材
智能制造技术

智能制造技术导论

微课版

张小红 杨帅 于建明 / 主编

孙炳孝 姚薇 / 副主编

ELECTROMECHANICAL

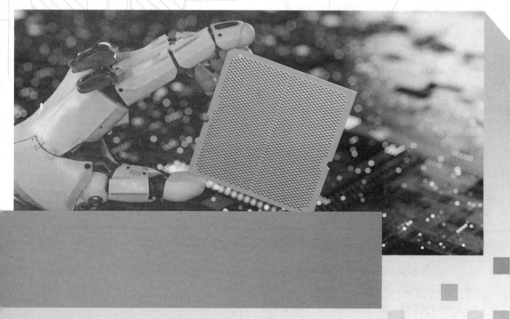

人民邮电出版社

北京

图书在版编目（CIP）数据

智能制造技术导论：微课版 / 张小红，杨帅，于建明主编. -- 北京：人民邮电出版社，2024.7
工业和信息化精品系列教材. 智能制造技术
ISBN 978-7-115-58853-1

Ⅰ. ①智… Ⅱ. ①张… ②杨… ③于… Ⅲ. ①智能制造系统－高等学校－教材 Ⅳ. ①TH166

中国版本图书馆CIP数据核字(2022)第042016号

内 容 提 要

本书较为全面地介绍智能制造系统。全书共 6 章，主要介绍绪论、智能制造系统、智能制造之智能决策、智能制造之智能服务、智能制造的典型应用和智能制造的支撑技术。每章还提供典型案例及思考与练习，帮助读者巩固所学内容。

本书内容精练、语句通顺、概念性强、案例翔实，可作为高校机械、电气等相关专业的教材使用，也可为有志于从事智能制造工作的读者提供理论参考。

◆ 主　　编　张小红　杨　帅　于建明
　　副 主 编　孙炳孝　姚　薇
　　责任编辑　刘晓东
　　责任印制　王　郁　焦志炜
◆ 人民邮电出版社出版发行　　北京市丰台区成寿寺路 11 号
　　邮编　100164　电子邮件　315@ptpress.com.cn
　　网址　https://www.ptpress.com.cn
　　三河市君旺印务有限公司印刷
◆ 开本：787×1092　1/16
　　印张：12.5　　　　　　　　　　2024 年 7 月第 1 版
　　字数：235 千字　　　　　　　　2024 年 7 月河北第 1 次印刷

定价：49.80 元
读者服务热线：(010)81055256　印装质量热线：(010)81055316
反盗版热线：(010)81055315
广告经营许可证：京东市监广登字 20170147 号

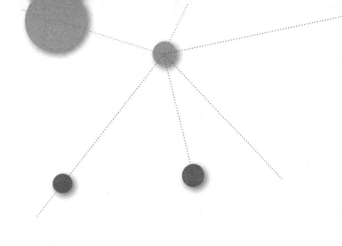

前言

党的二十大报告提出"推进新型工业化,加快建设制造强国"和"推动制造业高端化、智能化、绿色化发展"。

智能制造已成为制造业的重要发展趋势,促进了新的生产管理方式、商业运营模式、产业发展形态的形成,对全球工业的产业格局带来重大的影响。本书以满足高校机械、电气等相关专业学生的专业素质教育需要为目的,以智能制造和新工科建设为背景,主要面向高校学生,深入浅出地阐述智能制造的概念与内涵、核心技术、典型应用与支撑技术。

本书以智能制造为重点进行讲解,主要包括6章内容;第1章主要介绍智能制造的概念与内涵、制造系统的概念和发展,使读者对制造有一个基本的了解;第2章主要介绍智能制造系统的概念和体系架构,以及智能制造系统的自动化和信息化两大特征,让读者对智能制造系统有一个全面的认识;第3~5章主要介绍智能决策、智能服务和典型应用,典型应用包括智能工厂、智能物流、智能产品和智能管理等;第6章主要介绍智能制造的支撑技术,包含硬件技术、识别技术、信息技术,如工业机器人、工业互联网、工业大数据等。

本书由张小红、杨帅、于建明任主编,孙炳孝、姚薇任副主编。本书的编写得到了诸多公司有关领导、工程技术人员和教师的支持与帮助,在此一并表示衷心的感谢。

由于编者水平有限,书中不妥或疏漏之处在所难免,殷切希望广大读者批评指正。

编 者

2024年4月

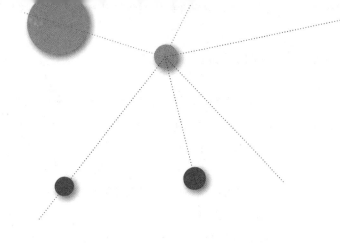

目　录

第1章
绪论

案例导入

海尔集团的智能制造之路

作为最早探索智能制造的中国企业之一，海尔集团（以下简称海尔）率先开启了转型道路——布局互联工厂。从2014年至今，海尔已经打造了8个互联工厂，覆盖家用空调、冰箱、洗衣机、热水器等多个家电品类。以海尔中央空调为例，海尔互联工厂通过首创的智能制造平台实现全程信息互联，从而达成大规模定制化生产。外部用户的需求信息将直接互联到内部生产线上的每个工位，员工根据用户需求进行产品生产过程的实时优化；同时，通过生产线的众多传感器实现产品、设备、用户之间的相互对话与沟通。

据悉，海尔中央空调销售额已经连续5年保持行业增幅第一，其中，综合节能效果达到50%的磁悬浮中央空调更是占据国内市场81%的份额。海尔中央空调互联工厂的建成让用户定制符合自己个性化需求的大件家电成为可能。这种模式除了能够及时响应用户的个性化诉求，还能实现大规模生产，降低企业生产成本。

1.1 智能制造

制造业是国民经济的支柱产业，是工业化和现代化的主导力量，是衡量一个国家或地区综合经济实力和国际竞争力的重要标志，也是国家安全的保障。当前，新一轮科技革命与产业变革风起云涌，以信息技术与制造业加速融合为主要特征的智能制造成为全球制造业发展的主要趋势。由中国机械工程学会组织编写的《中国机械工程技术路线图》提出到2030年机械工程技术发展的五大趋势和八大技术，认为"智能制造是制造自动化、数字化、网络化发展的必然结果"。

智能制造的主线是智能生产，而智能工厂、车间又是智能生产的主要载体。随着新一代智能技术的应用，国内企业将要向自学习、自适应、自控制的新一代智能工厂进军。新一代智能技术和先进制造技术的融合，将使生产线、车间、工厂发生大变革，提升到历史性的新高度，将从根本上提高制造业质量、效率和企业竞争力。

智能制造

1.1.1　智能

智能是智力和能力的总称，我国古代思想家通常把智与能看作两个相对独立的概念。一般认为智能是知识和智力的总和，前者是智能的基础，后者是指获取和运用知识求解的能力。

1.1.2　智能制造

关于智能制造的研究大致经历了3个阶段：起始于20世纪80年代，人工智能在制造领域中的应用，智能制造概念被正式提出；发展于20世纪90年代，智能制造技术、智能制造系统的提出；成熟于21世纪以来新一代信息技术条件下的"智能制造"。

20世纪80年代：概念的提出。1998年，美国人在其《制造智能》（智能制造研究领域的首本专著）中将智能制造定义为"通过集成知识工程、制造软件系统、机器人视觉和机器人控制来对制造技工们的技能与专家知识进行建模，以使智能机器能够在没有人工干预的情况下进行小批量生产"。在此基础上，英国学者对上述定义做了更为广泛的补充，认为"集成范围还应包括贯穿制造组织内部的智能决策支持系统"。麦格劳-希尔科技词典将智能制造界定为"采用自适应环境和工艺要求的生产技术，最大限度地减少监督和操作，来制造物品的活动"。

20世纪90年代：概念的发展。20世纪90年代，在智能制造概念提出后不久，智能制造的研究得到欧盟、美国、日本等工业发达国家或地区的普遍重视，他们开始围绕智能制造技术与智能制造系统开展国际合作研究。1991年，欧盟、美国、日本共同发起并实施的"智能制造国际合作研究计划"中提出："智能制造系统是一种在整个制造过程中贯穿智能活动，并将这种智能活动与智能机器有机融合，将整个制造过程从订货、产品设计、生产到市场销售等各个环节以柔性方式集成起来的能发挥最大生产力的先进生产系统。"

21世纪以来：概念的深化。21世纪以来，随着物联网、大数据、云计算等新一代信息技术的快速发展及应用，智能制造被赋予新的内涵，即新一代信息技术条件下的智能制造。2010年9月，美国在华盛顿举办的"21世纪智能制造研讨会"上指出，智能制造是对先进智能系统的强化应用，使得新产品的迅速制造、产品需求的动态响应以及对工业生产和供应链网络的实时优化成为可能。德国正式推出"工业4.0"战略，其虽没明确提出智能制造的概念，但包含智能制造的内涵，即将企业的机器、存储系统和生产设施融入虚拟网络-实体物理系统。在制造系统中，这些虚拟网络-实体物理系统，包括智能机器、存储系统和生产设施，能够相互独立地自动交换信息、触发动作和控制。

综上所述，智能制造是将物联网、大数据、云计算等新一代信息技术与先进自动化技术、传感技术、控制技术、数字制造技术结合，实现工厂和企业内部、企业之间及产品全生命周期的实时管理和优化的新型制造系统。智能制造包括智能制造技术和智能制造系统。智能制造系统不仅能够在实践中不断地充实知识库，具有自学习功能，还有搜集与理解环境信息和自身的信息，并进行分析判断和规划自身行为的能力。

1. 智能制造技术

智能制造技术是指一种利用计算机模拟制造专家的分析、判断、推理、构思和决策等智能活动，并将这些智能活动与智能机器有机融合，使其贯穿应用于制造企业的各个子系统（如经营决策、采购、产品设计、生产计划、制造、装配、质量保证和市场销售等）的先进制造技术。该技术能够实现整个制造企业经营运作的高度柔性化和集成化，取代或延伸制造环境中专家的部分脑力劳动，并对制造专家的智能信息进行收集、存储、完善、共享、继承和发展，从而极大地提高生产效率。

2. 智能制造系统

智能制造系统是一种由部分或全部具有一定自主性和合作性的智能制造单元组成的、在制造活动全过程中表现出相当智能行为的制造系统。其最主要的特征在于在工作过程中对知识的获取、表达与使用。根据其知识来源，智能制造系统可分为两类：一类是以专家系统为代表的非自主式智能制造系统，该类系统的知识由人类的制造知识归纳总结而来；另一类是建立在系统自学习、自进化与自组织基础上的自主式智能制造系统，该类系统可以在工作过程中不断自主学习、完善与进化自有的知识，因而具有强大的适应性以及高度开放的创新能力。随着以神经网络、遗传算法与遗传编程为代表的计算机智能技术的发展，智能制造系统正逐步从非自主式智能制造系统向自主式智能制造系统过渡发展。

1.1.3　智能制造的典型特征

智能制造的特征体现在数据的实时感知、优化决策和动态执行3个方面。

（1）数据的实时感知。智能制造需要大量的数据支持，通过利用高效、标准的方法实时进行信息采集、自动识别，并将信息传输到分析决策系统。

（2）优化决策。通过面向产品全生命周期的海量异构信息的挖掘提炼、计算分析、推理预测，形成优化制造过程的决策指令。

（3）动态执行。根据决策指令，通过执行系统控制制造过程的状态，实现稳定、安全的运行和动态调整。

1.1.4　智能制造的构成及作用

智能制造作为广义的概念，由5个方面构成，主要有产品智能化、装备智能化、生

图1-1 智能制造的内涵及要求

产智能化、管理智能化和服务智能化，如图1-1所示。

（1）产品智能化。产品智能化是把传感器、处理器、存储器、通信模块、传输系统融入各种产品，使得产品具备动态存储、感知和通信能力，实现产品可追溯、可识别、可定位、可管理。计算机、智能手机、智能电视、智能机器人、智能穿戴设备等都是物联网的"原住民"，这些产品从生产出来就是网络终端。而传统的空调、冰箱、汽车、机床等都是物联网的"移民"，未来这些产品都需要连接到网络世界。据统计，截至2020年，这些物联网的"原住民"和"移民"加起来已超过500亿个，且这个进程将持续10年、20年甚至50年。

（2）装备智能化。通过先进制造、信息处理、人工智能等技术的集成和融合，可以形成具有感知、分析、推理、决策、执行、自主学习及维护等自组织、自适应功能的智能生产系统以及网络化、协同化的生产设施，这些都属于智能装备。在"工业4.0时代"，装备智能化的进程可以在两个维度上进行：单机智能化以及由单机设备的互联而形成的智能生产线、智能车间、智能工厂。需要强调的是，单纯的研发和生产端的改造不是智能制造的全部，基于渠道和消费者洞察的前端改造也是重要的一环。二者相互结合、相辅相成，才能完成端到端的全链条智能制造与改造。

（3）生产智能化。个性化定制、极少量生产、服务型制造以及云制造等新业态、新模式，其本质是重组客户、供应商、销售商以及企业内部组织的关系，重构生产体系中信息流、产品流、资金流的运行模式，重建新的产业价值链、生态系统和竞争格局。工业时代，产品价值由企业定义，企业生产什么产品，用户就买什么产品，企业定价多少钱，用户就花多少钱——主动权完全掌握在企业手中。而智能制造能够实现个性化定制，不仅去掉了中间环节，还加快了商业流动，产品价值不再由企业来定义，而是由用户来定义——只有用户认可的、用户参与的、用户愿意分享的、用户说好的产品，才具有市场价值。

（4）管理智能化。随着纵向集成、横向集成和端到端集成的不断深入，企业数据的及时性、完整性、准确性不断提高，必然使管理更加准确、高效、科学。

（5）服务智能化。服务智能化是智能制造的核心内容，越来越多的制造企业已经意识到了从生产型制造向生产服务型制造转型的重要性。今后，将会实现线上与线下并行的线上线下（Online to Offline，O2O）一体化服务。两股力量在服务智能方面相向而行，一股力量是传统制造业不断拓展服务，另一股力量是从消费互联网进入产业互联网。比如微信未来连接的不仅是人，还包括设备和设备、服务和服务、人和服务等。个性化的研发设计、总集成、总承包等新服务产品的全生命周期管理，会伴随着生产方式的变革不断出现。

工业4.0要建立一个智能生态系统，当智能无所不在、连接无处不在、数据无处不在时，设备和设备之间、人和人之间、物和物之间、人和物之间的联系就会越来越紧密，最终必然出现一个系统连接另一个系统、小系统组成大系统、大系统构成更大系统的情况，对于工业4.0的目标——智能制造而言，它就是系统的系统。

在德国乃至全球，一个超复杂的巨大系统正在形成。车间里的机器，通过更新操作系统实现功能升级，通过工业应用程序实现各种功能即插即用，通过应用程序编程接口不断扩展制造生态系统。所有的机器、产品、零部件、能源、原材料，所有的研发工具、测试验证平台、虚拟产品和工厂，所有的产品管理、生产管理、运营流程管理，所有的研发、生产、管理、销售、员工、各级供应商、销售商以及成千上万个客户，将是这一系统的重要组成部分。

1.1.5 智能制造的体系架构

1. 国外智能制造系统架构

自美国20世纪80年代提出智能制造的概念后，智能制造一直受到众多国家的重视和关注，许多国家纷纷将智能制造列为国家级计划并着力发展。目前，在全球范围内具有广泛影响的是德国"工业4.0"战略和美国工业互联网战略。

（1）德国。

2013年4月，德国在汉诺威工业博览会上正式推出了"工业4.0"战略，其核心是通过信息物理系统实现人、设备与产品的实时连通、相互识别和有效交流，构建一种高度灵活的个性化和数字化的智能制造模式。在这种模式下，生产由集中向分散转变，规模效应不再是工业生产的关键因素；产品由趋同向个性转变，未来产品都将完全按照个人意愿进行生产，极端情况下将成为自动化、个性化的单件制造；用户由部分参与向全程参与转变，用户不仅出现在生产流程的两端，而且广泛、实时参与生产和价值创造的全过程。

德国"工业4.0"战略提出了3个方面的要求：一是价值网络的横向集成，即通过应用信息物理系统，加强企业之间研究、开发与应用的协同推进，以及在可持续发展、商业保密、标准化、员工培训等方面的合作；二是全价值链的纵向集成，即在企业内部通过采用信息物理系统，实现从产品设计、研发、计划、工艺到生产、服务的全价值链的数字化；三是端对端系统工程，即在工厂生产层面，通过应用信息物理系统，根据个性化需求定制特殊的IT结构模块，确保传感器、控制器采集的数据与企业资源计划管理系统进行有机集成，打造智能工厂。

（2）美国。

工业互联网：工业互联网的概念最早由美国通用电气公司于2012年提出，与工业4.0的基本理念相似，倡导将人、数据和机器连接起来，形成开放而全球化的工业网络，其内涵已经超越制造过程以及制造业本身，跨越产品生命周期的整个价值链。工业互联网和"工业4.0"相比，更加注重软件、网络和大数据，目标是促进物理系统和数字系统的融合，实现通信、控制和计算的融合，营造一个信息物理系统的环境。工业互联网系统由智能设备、智能系统和智能决策三大核心要素构成，完成数据流、硬件、软件和智能的交互。由智能设备和网络将收集的数据存储之后，利用大数据分析工具进行数据分析和可视化，由此产生的"智能信息"可以由决策者在必要时进行实时判断处理，成为大范围工业系统中工业资产优化战略决策过程的一部分。

智能设备：将信息技术嵌入装备中，使装备成为可智能互联产品。为工业机器提供数字化仪表是工业互联网革命的第一步，使机器和机器交互更加智能化，这得益于以下3个要素。一是部署成本。仪器仪表的成本已大幅下降，从而有可能以比过去更经济的方式装备和监测工业机器。二是微处理器芯片的计算能力。微处理器芯片持续发展已经达到了一个转折点，使得机器拥有数字智能成为可能。三是高级分析。大数据软件工具和分析技术的进步为了解由智能设备产生的大规模数据提供了手段。

智能系统：将设备互联形成的一个系统。智能系统包括各种传统的网络系统，但其广义的定义包括部署在机组和网络中并广泛结合的机器仪表和软件。随着越来越多的机器和设备加入工业互联网，可以实现跨越整个机组和网络的机器仪表和软件的协同效应。智能系统的构建整合了广泛部署智能设备的优点。当越来越多的机器连接到一个系统中后，久而久之，结果将是系统不断扩大并能自主学习，而且越来越智能化。

智能决策：在大数据和互联网基础上实时判断处理。当从智能设备和系统中收集了足够的信息来促进数据驱动型学习时，智能决策就发生了，从而使一个小机组网络层的操作功能从运营商传输到数字安全系统。

2014年3月，美国通用电气公司、国际商业机器公司（International Business Machines Corporation，IBM）、思科系统公司（简称思科）、英特尔和美国电话电报公司（American Telephone & Telegraph Corporation，AT&T）5家行业"龙头"企业联手组建"工业互联网联盟"，其目的是通过制定通用标准，打破技术壁垒，使各个厂商的设备之间可以实现数据共享，利用互联网激活传统工业过程，更好地促进物理世界和数字世界的融合。工业互联网联盟制定了工业互联网通用参考架构，该参考架构将定义工业物联网的功能区域、技术以及标准，用于指导相关标准的制定，帮助硬件和软件开发商创建与物联网完全兼容的产品，最终目的是实现传感器、网络、计算机、云计算系统、大型企业、车辆和数以百计其他类型的实体全面整合，推动整个工业产业链的效率全面提升。

智能制造：2011年6月24日，美国智能制造领导联盟（Smart Manufacturing Leadership Coalition，SMLC）发布了《实施21世纪智能制造》报告。该报告认为智能制造是先进智能系统强化应用、新产品制造快速、产品需求动态响应以及工业生产和供应链网络实时优化的制造。智能制造的核心技术是网络化传感器、数据互操作性、多尺度动态建模与仿真、智能自动化以及可扩展的多层次的网络安全。该报告给出了智能制造企业框架。智能制造企业将融合所有方面的制造，从工厂运营到供应链，并且使得对固定资产、过程和资源的虚拟追踪横跨整个产品的生命周期。最终结果将是在一个柔性的、敏捷的、创新的制造环境中，优化性能和效率，并且使业务与制造过程有效串联在一起。

2. 国内智能制造系统架构

借鉴德国、美国智能制造的发展经验，我国的智能制造系统架构是一个通用的制造体系模型，其作用是为智能制造的技术系统提供构建、开发、集成和运行的框架；其目标是指导以产品全生命周期管理形成价值链主线的企业，实现研发、生产、服务的智能化，通过企业间的互联和集成建立智能化的制造业价值网络，形成具有高度灵活性和持续演进优化特征的智能制造体系。

（1）基本架构。

智能制造系统是供应链中的各个企业通过由网络和云应用为基础构建的制造网络实现相互连接所构成的。企业智能制造系统由企业计算与数据中心、企业管控与支撑系统、为实现产品全生命周期管理集成的各类工具共同构成，智能制造系统具有可持续优化的特征。智能制造系统架构可分为5层，第1层是生产基础自动化系统，第2层是制造执行系统，第3层是产品全生命周期管理系统，第4层是企业管控与支撑系统，第5层是企业计算与数据中心（私有云），如图1-2所示。

（2）具体构成。

①生产基础自动化系统。生产基础自动化系统主要包括生产现场设备及其控制系统。生产现场设备主要包括传感器、智能仪表、可编程逻辑控制器、机器人、机床、检测设备、物流设备等；控制系统主要包括适用于流程制造的过程控制系统、适用于离散制造的单元控制系统和适用

图1-2　智能制造系统架构

于运动控制的数据采集与监控系统。

②制造执行系统。制造执行系统包括不同的子系统功能模块（计算机软件模块）。典型的子系统有制造数据管理系统、计划排程管理系统、生产调度管理系统、库存管理系统、质量管理系统、人力资源管理系统、设备管理系统、工装管理系统、采购管理系统、成本管理系统、项目看板管理系统、生产过程控制系统、底层数据集成分析系统、上层数据集成分解系统等。

③产品全生命周期管理系统。产品全生命周期管理系统在横向上可以分为研发设计、生产和服务3个环节。研发设计环节主要包括产品设计、工艺仿真、生产仿真，仿真和现场应用能够对产品设计进行反馈，促进设计提升，在研发设计环节产生的数字化产品原型是生产环节的输入要素之一；生产环节涵盖了上述生产基础自动化系统层和制造执行系统层包括的内容；服务环节通过网络实现的功能主要有实时监测、远程诊断和远程维护，应用大数据对监测数据进行分析，形成与服务有关的决策，指导诊断和维护工作，新的服务记录将被采集到数据系统。

④企业管控与支撑系统。企业管控与支撑系统包括不同的子系统功能模块。典型的子系统有战略管理、投资管理、财务管理、人力资源管理、资产管理、物资管理、销售管理、健康安全与环保管理等。

⑤企业计算与数据中心。企业计算与数据中心主要包括网络、数据中心设备、数据存储和管理系统、应用软件等，为企业实现智能制造提供计算资源、数据服务以及具体的应用功能，能够提供可视化的应用界面。

1.2 制造系统的发展

制造系统的发展

1.2.1 制造系统的发展历史与现状

1. 手工与单件生产

一万多年前的新石器时代，人类采用天然石料制作工具进行采集、狩猎、种植和放牧等，以利用自然为主。到了青铜、铁器时代，人们开始采矿、冶金、铸锻工具、织布成衣和打造车具，发明了刀、耙、箭、斧之类的简单工具，以满足以农业为主的自然经济，形成了家庭作坊式的手工生产方式，但生产动力仍旧主要是人力，会局部利用水力和风力。这种生产方式使人类文明的发展产生了飞跃，促进了人类社会的发展。

蒸汽机被发明后，提供了比人力、畜力和自然力更强大的动力，促使纺织业、机器制造业取得了革命性的变化，引发了工业革命，并在亚当·斯密的劳动分工（1776年）和工具机的基础上，出现了工场式的制造厂，生产率有了较大提高，揭开了近代工业化大生产的序幕。但是，机器生产仍然是一种作坊式的单件生产方式，其基本特征如下。

（1）按照用户的要求进行生产，采用手动操作的通用机床。由于无标准的计量系统，生产出来的产品规格只能达到近似要求，可靠性和一致性不能得到保证。

（2）生产效率不高，产量很低。例如，当时汽车的年产量不高，而且生产成本很高，也不会随产品产量的增加而下降。

（3）从业者通晓和掌握产品设计、机械加工和装配等方面的知识和操作技能，大多数人从学徒开始，最后成为制作整台机器的技师或作坊业主。

（4）工厂的组织结构松散，管理层次简单，由业主自己和所有顾客、雇员和协作者联系。

2. 大批量流水线生产

近代工业的流水生产始于20世纪初美国福特汽车公司，当时还只限于单对象的装配流水生产。后来，流水生产线应用越来越广泛，由单对象发展为多对象，由装配流水线发展到加工、运输、存储和检查的一体化。

大批量流水线生产又被称作重复生产，是生产大批量标准化产品的生产方式，是当同类产品的生产数量和生产规模达到一定程度时，为提高生产效率和管理水平所采取的一系列生产技术措施。

大批量生产基于产品或零件的互换性，标准化和系列化的应用，大大提高了生产效率，降低了生产成本，其显著的特点是产品结构稳定、自动化程度高。因此大批量生产对提高产品质量、降低劳动工时和物料消耗、缩短生产周期和加速资金周转都会产生良好的效果，并有利于减少手工劳动操作的比重，提高工人的技术熟练程度，可使产品和零部件的加工精度严格限制在规定的技术要求之内，增加产品和零部件的互换性。在正常生产条件下，大批量生产技术可使各道生产工序的劳动力和设备得到充分利用，建立科学的生产工序，保证各生产环节合理的比例关系，便于采用各种先进的生产组织方式，如流水生产线。

但是其缺点也相当明显，大批量生产以牺牲产品的多样性为代价，生产线的初始投入大，建设周期长，刚性，无法适应变化愈来愈快的市场需求和激烈的竞争。

实现大批量生产的主要工作：①从产品设计开始贯彻零部件的标准化、通用化和产品系列化原则，把构成产品的关键部件和通用化部件与专业化零部件区分开；②从零部件生产、组装、检验到最终装配、调整、校验都贯彻操作技术的程序化和典型化，简化对工人的培训，用先进的、自动化程度较高的专用设备来获得更高的生产率；③设计各种形式的传送带，实现生产过程连续化、材料和加工件传递的机械化；④广泛开展专业化协作；⑤工厂布置、物料搬运、设备管理、质量管理和库存管理都服从于大批量生产要求，协调一致，形成有机整体。

大批量生产的主要途径：采用各类适合大量生产的机械加工自动化设备和系统，实现高度的自动化生产。大批量生产多采用流水生产线方式。流水生产是指在生产对象专业化基础上，对作业时间进行合理搭配和密切衔接，各工序间采取连续、平行和有节奏的生产。

3. 柔性自动化生产

从20世纪50年代开始，人们逐渐认识到刚性自动流水线存在许多自身难以克服的缺点和矛盾。

（1）劳动分工过细，导致了大量功能障碍。

（2）生产单一品种的专用工具、设备和生产流水线不能适应产品品种、规格变动的需要，对市场和用户需求的应变能力较弱。

（3）纵向一体化的组织结构形成了臃肿、官僚、"大而全"的塔形多层体制。

市场的多变性和顾客需求的个性化，产品品种和工艺过程的多样性，以及生产计划与调度的动态性，迫使人们去寻找新的生产方式，同时提高工业企业的柔性和生产率。

自从1946年美国出现了世界上第一台通用计算机以后，人们就不断地将计算机技术引入制造业中。1952年美国麻省理工学院试制成功世界上第一台数控（Numerical Control，NC）铣床，对不同零件的加工改变NC程序即可，有效地解决了工序自动化的柔性问题，揭开了柔性自动化的序幕。1955年在通用计算机上开发成功的自动编程工具（Automatically Programmed Tool，APT），实现了NC程序编制的自动化。为了进一步提高NC机床的生产效率和加工质量，于1958年研制成功的自动换刀镗铣加工中心（Machining Center，MC）能在一次装夹中完成多工序的集中加工。随即于1962年在数控技术基础上研制成功的第一台工业机器人，并先后研制成功的自动化仓库和自动导向小车，实现了物料搬运的柔性自动化。1966年出现的用一台较大型的通用计算机集中控制多台数控机床的直接数控（Direct NC，DNC），降低了机床数控装置的制造成本，提高了工作的可靠性。

NC和APT的出现标志着柔性生产的开始，它们将高效率和高柔性融合于一体，实现了单机的柔性自动化。但NC机床及用于上下料的工业机器人只实现了零件加工单个工序的自动化，只有将一个零件全部加工过程的物流以及与之有关的信息流都进行计算机化，并追求整体效果，才能大幅度提高生产效率，获得最佳的加工效果。在成组技术和计算机控制的基础上，1967年英国莫林公司和1968年美国辛辛那提公司先后各自建造了一个由计算机集中控制的自动化制造系统，定名为柔性制造系统（Flexible Manufacturing System，FMS）。FMS具有更大的柔性和高度应变能力，进一步提高了设备利用率，缩短了生产周期，降低了制造成本。这正是多品种、小批量生产所要求的生产方式。20世纪70年代以前，由于计算机处于第三代电路技术，工作性能和可靠性较差，致使FMS技术未获广泛应用。20世纪70年代中期由于微处理机的问世和数据库技术的发展，出现了各种微型机数控系统及柔性制造单元、柔性生产线和自动化工厂。与刚性自动化的工序分散、固定节拍和流水生产的特征相反，柔性自动化的特征是：工序相对集中、没有固定的节拍，以及物料的非顺序输送。柔性自动化的目标是：在中小批量生产条件下，具有接近大量生产的高效率和低成本，并具有刚性自动化所没有的灵活适应性。这期间，还相应开发了一系列用于支撑生产活动的计算机辅助技术：计算机辅助工艺过程设计；计算机辅助质量控制；计算机辅助制造；计算机辅助生产管理；计算机辅助制造资源计划；计算机辅助作业计划；计算机辅助设计；计算机辅助工程；计算机辅助物料需求计划；计算机辅助管理信息系统。这些计算机辅助技术基本上都是在20世纪60年代至70年代发展起来的，且都已获得广泛的应用，大大提高了企业的决策能力和管理水平。但就整个企业系统而言，前述各种制造技术毕竟都是一些自动化孤岛，只能带来局部的效益。进入20世纪80年代，单元技术逐渐成熟，并且商品化，数据库管理系统、局域网络等数据处理和通信网络的软件均可从市场上购得。至此，出现了许多新概念、新思想和新生产模式，其实质是使生产系统朝着自动化、柔性化、智能化、集成化、系统化和最优化方向发展，以提高企业的整体素质和效益。

4. 跨企业制造系统和全球制造系统

跨企业制造系统和全球制造系统于20世纪末被提出，成为21世纪制造系统的发展方向。全球制造的基本概念是，根据全球化的产品需求，通过网络协调和运作，把分布在世界各地的制造工厂、供应商和销售点连接成一个整体，从而能够在任何时候与世界任何一个角落的用户或供应商打交道，由此构成具有统一目标、在逻辑上为一个整体而物理上分布于全世界的跨企业和跨国制造系统，即全球制造系统，从而完成具有竞争优势的产品制造和销售。它的目标之一是：与合作伙伴甚至竞争对手建立全球范围的设计、生产和经营的联盟网络，以加速产品开发和生产过程，提高产品的质量和市场响应速度，并向用户提供最优的服务，从而确保竞争优势，共同取得繁荣发展。网络技术是全球制造系统的最重要的技术基础之一。

从学科发展上来看，在国际上，制造系统作为一门学科出现于20世纪70年代后期。

日本京都大学的一个教授在其著作*Manufacturing System Engineering*中对制造系统和制造系统工程学进行了系统阐述，为该学科的发展奠定了基础。

美国麻省理工学院于20世纪90年代初即开设有制造系统方面的课程，并出版了专著。

美国一些州立大学都先后开设了同类课程，并出版了专著。

在我国，制造系统的研究和应用起步也较早，20世纪80年代中期就已有柔性制造系统在生产实际中的应用。但制造系统作为一个学科和技术领域，在国家支持下开展有组织的深入、系统研究和应用，开始于国家的"863计划"。以计算机集成制造系统为代表的研究项目十几年来取得了一大批成果，并在许多类型的企业中得到广泛应用，有力推进了我国制造系统技术的发展。

1.2.2 制造系统研究和应用领域的发展趋势

1. 智能制造系统将是未来制造系统的重要发展方向

在集成化、数字化制造系统的基础上，现代制造系统正进一步向智能制造系统方向发展。智能制造系统是一种由智能机器和人类专家共同组成的人机一体化智能系统，它在制造过程中能进行智能活动，诸如分析、推理、判断、构思和决策等。智能制造的宗旨在于通过人与智能机器的合作共事，去扩大、延伸和部分取代人类专家在制造过程中的脑力劳动。智能制造系统的发展，必将把集成制造技术推向更高级的阶段，即智能集成的阶段。有人预言，21世纪的制造工业将由两个"I"来标识，即Integration（集成）和Intelligence（智能）。

2. 单元级制造系统的研究仍然占有很重要的地位

单元级制造系统是以一台或多台制造设备和物料储运装置为主体，在计算机统一管理控制下，可进行多品种、中小批零件高效加工的小型制造系统的总称，也是计算机集成制造系统的重要组成部分，是构成更高级别制造系统的基础。

国内外制造行业在单元级制造系统的理论和技术研究方面投入了大量的人力、物力，因此单元级制造系统技术近年有迅速的发展。主要表现如下。

（1）单元控制软件发展很快。

（2）控制软件的模块化、标准化。

（3）积极引入新设计方法。

（4）发展新型控制体系结构。

（5）大力开发、应用人工智能技术。

3. 对无人制造自动化进行了反思，提出了"人机一体化制造系统"的新思想

在计算机集成制造系统研究的初期，人们曾认为全盘自动化和无人化工厂或车间是其主要特征。随着计算机集成制造系统实践的深入和一些无人化工厂实施的失败，人们对无人制造自动化问题进行了反思，并对于人在制造系统中有着机器不可替代的重要作用进行了重新认识。鉴于此，国内外对于如何将人与制造系统有机结合等问题在理论与

技术上展开了积极探索。具有代表性的是路甬祥院士提出的"人机一体化制造系统"的新思想。围绕人机集成问题，国内外正在进行大量研究。人机一体化制造系统的定义：人与具有适度自动化水平的制造设备和控制系统共同组成一个系统，各自执行自己最擅长的工作，人与机器（制造设备）共同感知、共同决策、共同工作从而突破传统自动化制造系统将人排除在外的旧格局，形成新一代人机有机结合的适度自动化制造系统。

1.3 典型案例

【案例1 美国福特汽车公司的大规模制造方式】

美国福特汽车公司（下文简称福特）创立于1903年，当时年产量为1 700多辆。福特建立了汽车业的第一条生产线，大大降低了生产成本。离自己要实现一分钟生产一辆汽车，并且让造车的人也买得起汽车，让汽车成为大众的代步工具的梦想更接近后，福特开始琢磨在每一个细节中节省成本。汽车的成本一天天下降，大量的汽车被卖出去，而产量的增加，让生产的成本继续下降。老福特的发展思路是增加产量，降低成本，大规模生产，大规模采购，用规模和低成本来竞争。原因也很简单，市场刚刚起步，基本的需求还没有满足，很多家庭还没有汽车，处于汽车短缺的年代，汽车还是属于少数有钱人的；消费者的收入水平也使得低价格成为一个很好的卖点；顾客的需求都是基本需求，相同倾向很大。

福特认为，以最低的成本卖出最多的产品就能获得最大的利润。通过规模经济、增加产量可以急剧降低成本，从而可以降低价格。而需求是有弹性的，低价格能够保证最大限度卖出产品，价格越低，就会有越大的产销量；当产销量涨上去之后，随着生产规模的增加，会进一步加速成本的下降，这就会带来进一步降低价格的空间。随着价格的降低，市场扩大了，在细分市场上的消费者会屈从于低价格，在差别化和低价格之间，选择更低的价格。消费者向统一的市场转变，这就增加了消费市场的一致性。提供品种相对较少的产品，虽然顾客的选择余地减少了，但是有助于成本的降低，在相对统一的市场环境下，可以卖出更多的产品。

为了实现尽可能低的成本和更大的市场，生产过程应当尽量自动化，由此增加的固定成本会被规模经济所消化，从而新的工艺技术也就能有力地推动成本的降低。同时，时刻保持生产过程的效率，其中最重要的就是稳定，包括输入、转化、输出过程的稳定，以保障每个环节的流畅运转。在此种经营模式下，产品的生命周期会被尽量延长，以降低单位产品的生产成本，并减少对技术和工艺的平均投入。产品生命周期的延长，使得有更多的时间进行产品改进，这又推动了更大规模市场的形成。它的T型汽车虽然款式单一，颜色也比较少，却占据了很大的市场份额，取得了极大的成功。

从1908年开始，福特着手在T型汽车上实行单一品种大量生产，1915年建成了第一条生产流水线，实现了一分钟生产一辆汽车的愿望。到1916年，T型汽车的累计产量达58万辆。随着产量的增加，汽车的成本也大幅下降，从1909年的950美元，降到了1916年的360美元。11年后，也就是1927年，T型汽车的累计产量突破了150万辆，市场占有率达到50%。很多美国家庭实现了拥有汽车的梦想。

【案例2 三一重工股份有限公司应用离散型制造生产工程机械】

近年来，三一重工股份有限公司紧跟智能制造发展形势，积极推进两化融合体系工作，形成了智能化制造、装备智能化、智能服务的完整产业链模式下的集成示范应用。集合优势智力资源，打造智能工厂。

三一重工股份有限公司是典型的离散型制造公司，建有亚洲最大的智能制造车间，这也是该公司的总装车间，车间还配有混凝土机械、路面机械、港口机械等多条装配线。三一重工股份有限公司从2012年开始进行智能制造示范项目建设，目前已建成车间智能监控网络，刀具管理系统，公共制造资源定位与物料跟踪管理系统，计划、物流、质量管控系统，生产控制中心（Production Control Center，PCC），中央控制系统等智能系统，全面应用数字化工厂仿真技术进行方案设计与验证，大大提高了规划的科学性和布局的合理性。

【案例3 戴尔股份有限公司的大规模定制】

总部设在美国得克萨斯州奥斯汀市的戴尔股份有限公司（以下简称戴尔公司）是全球领先的IT产品及服务提供商之一，于1984年由迈克尔·戴尔创立。戴尔公司是全球IT行业发展最快的公司之一，1996年开始通过网站采用直销手段销售戴尔计算机产品，2004年5月，戴尔公司在全球计算机市场的占有率排名第一，成为世界领先的计算机系统厂商。戴尔公司在20年的时间里从一个计算机零配件组装店发展成为世界500强的大公司，其直线订购模式及高效的供应链管理是其实现高速发展的保证。戴尔公司创立之初是给客户提供计算机组装服务的，在研发能力和核心技术方面与业界的国际商业机器公司（International Business Machines Corporation，IBM）、惠普等公司有着一定差距，要想在市场竞争中占据一席之地，必须进一步拆分计算机价值链，依靠管理创新获取成本优势。因此，戴尔公司在发展过程中虽有业务和营销模式的革新，但把重点放在成本控制和制造流程优化等方面。尤其是创造了直销模式，这可以减少中间渠道，直接面对最终消费者，达到降低成本的目的。而实施面向大规模定制的供应链管理更能帮助戴尔公司与供应商进行有效合作和实现虚拟整合，缩短库存周期及降低成本，从而获取高效率、低成本的优势，这也正是其核心竞争力所在。

1.4 拓展阅读

一、制造过程

"制造"的英文为Manufacture，该词源于拉丁文。随着自动化技术、信息技术、先进制造和管理技术的进步以及生产力的发展，人们对制造过程的定义和内涵的理解发生了较大的变化，逐渐形成了小制造概念下的制造过程和大制造概念下的制造过程。

制造过程是组成制造业的基本环节。制造业是将可用资源，通过制造过程，转化为可供人们使用或利用的工业品或生活消费品的行业。它涉及国民经济中的很多行业，如机械、电子、轻工、化工、食品、军工、航天等。因此，制造业是国民经济的支柱产业，对综合国力的提升具有举足轻重的作用。随着技术的进步和生产力的发展，对制造过程的定义也产生了较大的变化。

　　小制造，也称为狭义制造或传统机械制造，主要是指产品的制作过程。或者说，制造是使原材料（农产品和采掘业的产品）在物理性质和化学性质上发生变化而转化为产品的过程。在传统上把制造理解为产品的机械工艺过程或机械加工与装配过程。例如，"机械制造基础"主要介绍热加工和冷加工；"机械制造工艺学"主要介绍机械零件加工技术和产品装配技术。英文词典将"制造"（Manufacture）解释为"通过体力劳动或机器制作物品，特别适用于大批量"。因此，小制造指的是通过机器和工具将原材料转变为有用产品的过程，重点强调的是工艺过程。

　　大制造，也称为广义制造或现代制造，主要是指在产品的全生命周期中，从供应市场到需求市场的整条供应链，其所包含的各类活动，涉及产品设计、物料选择、加工、装配、销售和服务、报废和再制造等一系列的相关活动和工作。广义制造包含4个过程：概念过程（产品设计、工艺设计、生产计划等）、物理过程（加工、装配等）、物质（原材料、毛坯和产品等）的转移过程、产品报废与再制造过程。广义制造有以下3个特点。

　　（1）全过程。从产品生命周期来看，不仅包括毛坯到成品的加工制造过程，还包括产品的市场信息分析，产品决策，产品的设计、加工和制造过程，产品销售和售后服务，报废产品的处理和回收，以及产品生命周期的设计、制造和管理等。

　　（2）大范围。从产品类别来看，不只是机械产品的制造，还有光机电产品的制造、工业流程制造、材料制备等。

　　（3）高技术。从技术方法来看，不仅包括机械加工技术，而且包括高能束加工技术、微纳米加工技术、电化学加工技术、生物制造技术等，还包括现代信息技术，特别是计算机技术与网络技术等。现代制造与高新技术是"你中有我，我中有你"的关系。从词义上来看，制造概念的内涵目前在过程、范围和层次3个方面拓展了。从本质特征上来看，制造是一种将原有资源（如物料、能量、资金、人员、信息等）按照社会需求转变为有更高实用价值的新资源（如有形的产品和无形的软件、服务等）的过程。

　　无论是小制造概念下的制造过程还是大制造概念下的制造过程，都是把制造资源转变为可用产品的过程，包括物质转化过程和信息处理过程。物质转化过程包括原材料或零部件的采购、产品加工、装配、检验或销售等。信息处理过程是关于制造信息采集、分析、处理、存储、应用的过程，包括自上而下的生产指令和自下而上的反馈信息。

　　由于产品制造过程的综合性，制造过程又可分为以下4个过程。

　　基本制造过程：指直接将生产对象转换成产品的制造过程，其中加工、装配一般称为制造工艺过程。

辅助制造过程：指为保证基本制造过程正常进行的各种辅助产品的制造过程，如工装的设计制造等。

制造服务过程：指为基本制造过程和辅助制造过程中各种生产活动服务的过程，如设计、采购、外协等。

附属产品制造过程：指在制造本系统主要产品的同时，一些附属产品的制造过程。

二、制造模式

1. 制造模式的定义

制造模式是指企业体制、经营、管理、生产组织和技术系统的形态结构与运作模式。从广义的角度看，制造模式就是一种有关制造过程和制造系统建立及运行的哲理和指导思想，是制造系统实现生产的典型组织方式，是制造企业经营管理方法的模型，是提供给制造系统通用的和全局的样板，是众多同类系统模仿的典范。因此，制造过程的运行、制造系统的体系结构以及制造系统的优化管理与控制等均受到制造模式的制约，必须遵循由制造模式所确定的规律。

2. 制造模式的演化

在手工生产阶段，产品设计、加工、装配和检验基本上都由手工完成，称为手工作坊式制造模式。这种制造模式柔性好，但效率低、成本高，难以完成大批量产品的生产。到19世纪中叶及20世纪中叶，产品制造过程的专业化分工和互换性技术的发展，使得刚性流水生产线成了制造产品的基本组织方式，大量生产模式在制造业中开始占据主导地位，提高了劳动生产率，降低了产品成本，有力地推动了制造业的发展和社会进步。

20世纪后半叶以来，单一产品的大量生产已经不能满足市场多变性和用户需求多样化的要求，迫使产品生产朝多品种、变批量、生产周期短的方向演变，传统的刚性生产模式渐渐被先进的柔性生产模式所替代，出现了与此相适应的先进制造系统，诸如柔性制造、计算机集成制造、敏捷制造、精益生产、可重构制造、虚拟制造、绿色制造、智能制造和网络化制造等。这些先进的制造系统使得现代企业在面对多变的、以消费者需求为导向的市场竞争时，能以更短的产品上市时间（Time）、更优的产品质量（Quality）、更低的产品成本（Cost）、更好的服务（Service）和更高的环境（Environment）适应性（这5点简称TQCSE），赢得更多的顾客和更大的市场份额。

制造企业面临的这一发展趋势，首先意味着TQCSE将会成为未来制造系统的最基本的目标之一，需要对产品制造过程进行"精确化"规划、设计和控制，使企业尽可能寻求制造过程的增值空间，形成以制造资源为特点的服务型制造模式；此外，资源消耗的低成本和制作过程的绿色化要求将成为未来制造系统的必然特征，与此适应的绿色评价、绿色设计、绿色管理和绿色信息支撑等理论和技术也必将得到充分的发展。因此，"精确化""服务化""绿色化"必将是未来制造系统的根本属性。

3. 制造模式的影响因素

（1）社会生产力的水平。

制造系统采取和发展何种制造模式，很大程度上取决于社会生产力的水平，包括社会的经济水平、科学文化水平、技术应用的整体水平等。新的制造模式的出现实际上是生产力发展的产物。例如，网络化信息时代的到来产生了敏捷制造模式；传感器技术和人因工程学的发展使虚拟制造模式成为可能。发达国家和发展中国家所采取的制造模式不能完全相同，必须根据生产力的实际水平采取合理的制造模式，不能看到某种制造模式在某地产生了很高的效益就盲目照搬。

（2）市场需求的变化。

市场需求是制造模式变化的一个主要原因。市场需求包括顾客对产品的种类需求、质量需求、价格需求、时间需求和服务需求等。不同时期的市场需求是不同的，由此产生了不同的制造模式。例如，20世纪中期的大量生产模式主要是满足顾客对产品的质量和价格需求；当市场需求从大批量向多品种、小批量转变时，出现了计算机集成制造、增材制造（俗称3D打印）模式，可以满足顾客对产品多样性的需求。

（3）社会需求的变化。

除市场需求外，制造模式的变化也受社会需求变化的影响。社会需求涉及对人类生存环境的需求、国家的发展计划、就业政策、人们的意识观念和素质、世界范围的社会发展潮流等因素。例如，绿色制造模式就是为了满足对人类生存环境保护的需求而产生的。纵观240年的工业化历程，制造模式发展的因素可以归纳为两项，即技术推动与市场拉动。

三、制造系统

1. 系统的定义

系统是目前各个领域中广泛应用的概念。系统的定义是具有特定功能的、由若干相互联系的要素组成的一个整体。比如一台机器、一个部门、一个车间、一个工厂、一条公交线路、一条高速客运专线、一项计划、一个研究项目、一个组织、一套制度都可以看成一个系统；机床、夹具、刀具、工件和操作人员组成的一个机械加工系统，其功能是改变工件形状和尺寸。因此，系统的概念蕴含多方面的含义，即系统是由输入要素、转化过程、输出要素组成的有机整体；各要素具有特定的属性；各要素之间具有特定的关联性，并在系统内部形成特定的系统结构；系统具有边界，边界确定了系统的范围，也将系统与周围环境区别开来，系统与环境之间存在物质、能量和信息的交流；系统具有特定的功能，系统功能受系统结构和环境的影响。

根据系统状态随时间的变化，可以将系统分为连续系统和离散事件系统。连续系统是指系统状态随时间发生连续变化，诸如电力系统、石油冶炼、自来水生产等；离散事件系统是指只有当在某个时间点上有事件发生时，系统状态才会发生变化，诸如机械零件加工车间、汽车装配线、交通路口通行流量、车站/机场/码头的客流、电信网络的数据流量、理发店/商店/餐厅等的服务系统。

每个系统都具有如下特征。

（1）集合性。系统由两个或两个以上的要素（组成部分）构成。例如，将一台机床看作一个子系统，它可分解为许多部件、组件和零件等。系统的要素既可以是物理实体，也可以是非物理实体的抽象事物。例如，管理信息系统是一个抽象的系统。

（2）层次性。要素形成有层次的组合。要素是系统存在的基础，要素决定系统。各种要素在系统中的地位和作用并不相同，复杂系统的诸要素有的处于主导支配地位，有的处于从属或被支配地位。系统是个相对的概念，随研究范畴而定。要素可以是不能再进行划分的基本单元（元素），也可以是能继续细分的次一级要素（部件、子系统等）。例如，一个新产品、一个加工中心、一个正在制造产品的生产线、一个车间，乃至整个工厂，都可看作不同层次的系统。一个车间是工厂企业系统的一个要素。因此，系统的要素可以有大有小。根据研究领域和目标，系统外延可以大到全球生态系统或宇宙星系，也可以小到细胞或原子等微观世界。

（3）有界性。系统具有与外界联系的边界，是一个可辨别的研究对象。通过这种边界，系统与外界环境产生联系，外界环境对系统施加影响。系统与外界环境的边界是随研究目的的变化而变化的。例如，对于工厂系统的订货问题，既可将其视为外界环境对生产产生的影响，也可将销售纳入系统作为系统内的活动研究。

（4）相关性。系统内部各部分之间按一定的关系互相联系和制约。它不是一些杂乱无章的事物的集合。系统中任何一个元素发生变化，其他部分也随之变化，以保持系统的整体最优化。因此，集合性确定了系统的组成要素，而相关性说明了这些组成要素之间的关系。例如，机械加工系统就是通过机床、夹具、刀具、工件和操作人员按工艺规程的要求相互发生作用，才能实现零件的加工。

（5）整体性。系统内的各个部分是不能缺少的。系统不是要素功能的线性叠加，整体大于部分之总和。系统的要素各自具有自身的特性和内在规律，但其彼此之间有机地结合在一起，由此形成一个整体，对外体现综合性的整体功能。系统的各要素组成一个整体，如果系统的整体性受到破坏，其将不再成为系统。例如，计算机的各要素［中央处理器（Central Processing Unit，CPU）、存储器、显示器、键盘、鼠标、软件程序等］通过配置而彼此联系，构成协调运行的整体时，显示出计算机系统的整体功能。而将计算机拆为分散零件后，就不再成为一个计算机系统。

（6）目的性。功能是系统存在的目的。系统内的要素组织在一起是为了完成某些确定的功能，并且在运行过程中总是力求使某些性能指标最优。如果把工厂看成一个系统，它就是通过将生产要素（人、财、物和信息等）有效地转变成生产财富（产品），以达到使原材料增加价值而创造高效益的目的。

（7）环境适应性。任何一个系统都存在于一定的环境之中。有序与无序是系统的两种基本状态。系统的发展过程就是这两种状态的交替转变过程。环境适应性也反映了系统的动态性。系统为了维护有序性，必须与环境发生物质的、能量的和信息的交换，进行"新陈代谢"，以适应环境的变化。

（8）生物性。任何一个系统都有一个从孕育、出生和成长，经过成熟和衰老，直到死亡的生命周期。虽然系统的生命周期是不可逆的，但是它可以实现生命周期的循环。例如，产品可以更新换代；报废的产品可以再生或"再制造"。

理解上述系统的特征，有助于把握系统定义的内涵。系统研究主要是为了处理各部分之间的相互关系。系统观念强调局部之间的联系与协调，使人们全面地分析与综合各种事物。

2. 制造系统的定义

关于制造系统的定义，至今还未统一，目前仍在发展和完善之中。现列举国际上比较通用的几个定义作为参考。英国学者1989年给出的定义为：制造系统是工艺、机器系统、人、组织结构、信息流、控制系统和计算机的集成组合，其目的在于取得产品制造经济性和产品性能的国际竞争性。国际生产工程学会于1960年公布的制造系统的定义为：制造系统是制造业中形成制造生产（简称生产）的有机整体。在机电工程产业中，制造系统具有设计、生产、发运和销售的一体化功能。美国麻省理工学院教授于1992年给出的定义为：制造系统是人、机器和装备以及物料流和信息流的一个组合体。日本京都大学教授于1994年指出，制造系统可以从3个方面来定义：①制造系统的结构方面，制造系统是一个包括人员、生产设施、物料加工设备和其他附属装置等各种硬件的统一整体；②制造系统的转变特性方面，制造系统可以定义为生产要素的转变过程，特别是将原材料以最大生产率转变成产品；③制造系统的过程方面，制造系统可定义为生产的运行过程，包括计划、实施和控制等。

综合上述几种定义，可将制造系统定义如下。

（1）制造系统的结构定义。制造系统是制造过程所涉及的人员、硬件（包括设备、物料流等）及其相关软件组成的统一整体。

（2）制造系统的功能定义。制造系统是一个将制造资源（原材料、能源等）转变为产品或半成品的输入输出系统。

（3）制造系统的过程定义。制造系统可看成制造生产的运行过程，包括市场分析、产品设计、工艺规划、制造实施、检验出厂、产品销售等各个环节的制造全过程。

综上所述，制造系统是制造过程及其所涉及的硬件、软件和人员所组成的一个将制造资源转变为产品或半成品的输入输出系统，它涉及产品生命周期（包括市场分析、产品设计、工艺规划、加工过程、装配、运输、产品销售、售后服务及回收处理等）的全过程或部分环节。其中，硬件包括厂房、生产设备、工具、刀具、计算机及网络等；软件包括制造理论、制造技术（如制造工艺和制造方法等）、管理方法、制造信息及其有关的软件系统等；制造资源包括狭义制造资源和广义制造资源，狭义制造资源主要指物能资源，包括原材料、坯件、半成品、能源等，广义制造资源包括硬件、软件、人员等。

依据制造系统的定义，机械制造系统是一种典型的制造系统，它由可实现物质转化、信息传递或转换的机床、夹具、刀具、被加工工件、操作人员等组成，是具有制造功能的有机整体。诸如工业、农业、交通、航空航天、纺织、矿冶等部门的机械制造都属于这一范畴。机械制造系统所涉及的领域和其生产构成如图1-3所示。

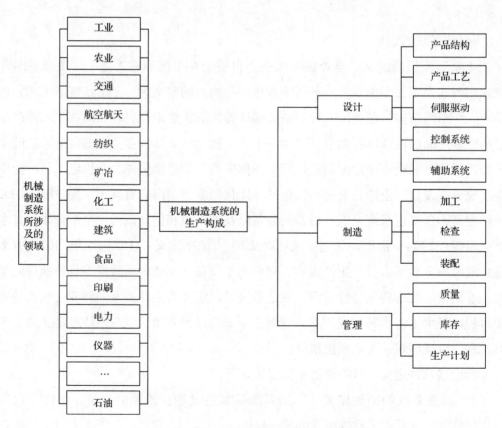

图1-3　机械制造系统所涉及的领域和其生产构成

一般情况下，机械制造系统是复杂的离散事件动态系统，它输入制造资源，经过机械加工过程输出零件或产品，这个过程就是制造资源向零件或产品的转变过程。图1-4所示为离散制造系统的典型结构。

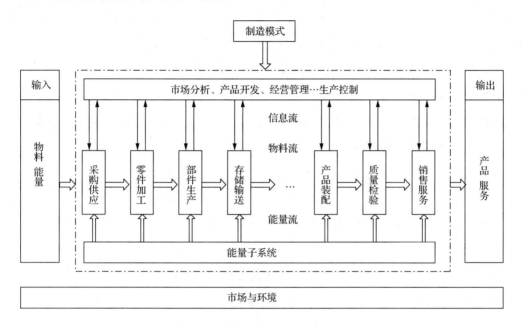

图1-4 离散制造系统的典型结构

现代制造系统是指在时间、质量、成本、服务和环境诸方面能够很好地满足市场需求，采用了先进制造技术和先进制造模式，通过协调运行，获取系统资源投入的最大增值，具有良好的社会效益，达到整体最优的制造系统。

现代制造系统是一个包含多项现代制造技术和多种现代制造模式的整体概念。有的文献把现代制造模式称为制造系统集成技术或整体制造技术，这表明没有把"模式"从"技术"的概念中分离出来。当代信息技术和自动化技术为企业提供了改变常规制造模式的机遇，只有打破常规制造模式的"框框"产生现代制造模式，才能发挥现代制造技术的作用，从而形成现代制造系统，真正提升企业的综合竞争力。

3. 制造系统的特征

制造系统从其结构、功能到过程考查均涉及诸多要素，是诸要素相互作用、相互依赖、相互关联的一个有机整体，具备系统科学中"系统"的全部特征。①集合性，一个实际的制造系统，具有独立功能的系统要素，要素之间的相互作用需要符合逻辑统一性原则，和谐共存于整个系统之中，任何一个要素脱离整体就失去了原来的机能和要素间的相互作用。②层次性，制造系统可以分解为一系列的子系统，并存在一定的层次结构，这种层次结构表述了不同层次子系统之间的从属关系或相互作用的关系。③相关性，制造系统内各要素是相互联系的。④整体性，制造系统是一个由相互作用的诸要素构成的、具有特殊制造功能的有机整体。⑤目的性，制造系统的目的就是要把制造资源转变成财富或产品。为实现这个目的，制造系统必须具有控制、调节和管理的功能，管理的过程就是实现制造系统有序化的过程，并使之进入与系统目的相适应的状态。⑥环境适应性，一个具体的制造系统，必须具有对周围环境变化的适应性。外部环境与系统是互相影响的，两者之间必然要进行物质、能量或信息的交换。如果系统能进行自我控制，即使外部环境发生了变化，也能始终保持最优状态，这种系统被称为自适应系统。该系统的动态适应性表现为以最少的时间去适应变化的环境，使系统接近理想状态。现在的自适应控制机制，就是典型的自适应性系统的机制。

制造系统除具有上述一般系统的普遍特征外，还有自身鲜明的特点。

（1）制造模式对制造系统具有指导作用。不同的制造模式会形成不同的制造系统，如单一产品的大量制造模式形成了刚性制造系统，多品种、小批量制造模式形成了柔性制造系统。

（2）制造系统总是一个动态系统。制造系统的动态特性主要表现在以下3个方面。

①制造系统总是处于生产要素（如原材料、能量、信息等）的不断输入和有形财富即产品的不断输出这样一个动态过程中。

②制造系统内部的全部硬件和软件也处于不断地动态变化之中。

③制造系统为适应生存环境，特别是在激烈的市场竞争中，总是处于不断发展、不断更新、不断完善的运动中。

（3）制造系统在运行过程中无时无刻不伴随着物料流、信息流和能量流的运动。例如，在一个典型的机械制造系统中，其制造过程始终伴随着物料流、信息流和能量流的运动，其制造过程的基本活动包括加工与装配、物料搬运与存储、检验与测试、生产管理与控制。其中，加工与装配改变工件的几何尺寸、外观或特性，以增加产品的附加值；物料搬运实现物料在制造过程内的流动，包括装卸工件以及不同工作场地之间的工件输送，存储则将工件或产品存放在一定的空间内，以解决工序之间生产能力或者需要之间的平衡问题。

（4）制造系统中总是包括决策子系统。从制造系统管理的角度看，制造系统内除包括分别由物料流、能量流和信息流构成的物料子系统、能量子系统和信息子系统外，还包括由若干决策点构成的制造系统运行管理决策子系统。因此，物料、能量、信息和决策点集合这4个要素有机结合，才能构成一个完整的制造系统。

（5）制造系统具有反馈特性。制造系统在运行过程中，其输出状态如产品质量信息和制造资源利用状况总是不断地反馈给制造过程的各个环节，从而实现制造过程的不断调节、改善和优化。

讨论与交流

制造业是国民经济的支柱产业，是工业化和现代化的主导力量，近年来我国围绕智能制造推出了哪些政策来促进智能制造产业的发展？

本章小结

本章首先介绍了制造系统和制造模式的概念和发展历程；然后介绍了智能制造，重点讲解了智能制造的概念、典型特征，智能制造的构成及作用，并介绍了智能制造的体系架构；最后介绍了制造系统的发展现状与发展趋势。

思考与练习

1. 名词解释

（1）制造 　　　　　　　　　　　（2）系统

（3）智能制造 　　　　　　　　　　（4）制造系统

（5）智能制造技术 　　　　　　　　（6）智能制造系统

（7）大批量流水线生产

2. 填空题

（1）制造系统可看成制造生产的运行过程，包括市场分析、_____、_____、_____、_____、_____等各个环节的制造全过程。

（2）智能制造由5个方面构成，主要有_____智能化、_____智能化、_____智能化、_____智能化和_____智能化。

3. 单项选择题

（1）大规模制造是（　　）公司最先提出并实施的。

A. 丰田　　　　　B. 福特　　　　　C. 海尔　　　　　D. 三一重工

（2）大规模制造模式的主要特征之一是（　　）。

A. 以满足客户的要求为目标

B. 横向一体化制度

C. 生产和管理标准化

D. 机器设备具有随产品变化而加工不同零件的能力

（3）要提高企业对市场需求变化的快速反应能力，满足顾客的要求，应采取
（　　）方式。

  A．敏捷制造   B．柔性制造   C．精益制造   D．大规模制造

（4）以下（　　）不属于智能制造的特征。

  A．数据的实时感知   B．优化决策

  C．生产现场无人化   D．动态执行

4．简答题

（1）简述传统制造和智能制造在产品加工方面的不同。

（2）简述我国智能制造系统架构。

5．讨论题

（1）戴尔公司的大规模定制有哪些优点和缺点？

（2）海尔在智能制造方面取得了哪些成就？未来应该如何发展？

第2章
智能制造系统

案例导入

擦亮西奥智造的"金字招牌"！

2019年，由中国电子技术标准化研究院编著的《信息物理系统（CPS）典型应用案例集》正式出版，杭州西奥电梯有限公司（以下简称西奥电梯）成为行业唯一入选企业。这是行业对西奥电梯打造工业互联网、推动中国制造业转型升级的认可和支持。

西奥电梯作为国家智能制造示范试点企业，以打造"智慧工厂"为目标，开发应用客户关系管理（Customer Relationship Management，CRM）、企业资源计划（Enterprise Resource Planning，ERP）、制造执行系统（Manufacturing Execution System，MES）等国际领先的工业数据系统，形成了以智慧指挥中心统筹协调设计、生产、管理、安装、服务等各环节的柔性制造模式，生产效率提升50%以上，整体操作人员减少15%。

智能制造不是以机器取代人力，而是运用人机协同走向智慧生产。近年来，西奥电梯坚持自主创新，持续加大研发投入，不断掌握核心技术，在智能制造与工业互联网领域屡获殊荣。国家制造业与互联网融合试点示范单位、行业首家通过"浙江制造"认证……一系列荣誉加冕，更是擦亮了西奥智造的"金字招牌"。除此之外，西奥电梯还创新开发位于智能化前沿的"西奥电梯工程服务大脑"，结合云平台与物联网技术，实现了电梯维保信息的全网管理、电梯维保过程的全程监控，为用户打造便捷、高效的乘梯体验。

2.1 智能制造系统概述

智能制造系统

2.1.1 智能制造系统的定义

智能制造系统是指基于智能制造技术，综合运用人工智能技术、信息技术、自动化技术、制造技术、并行工程、生命科学、现代管理技术和系统工程理论方法，在国际标准化和保证互换性的基础上，使得制造系统中的经营决策、产品设计、生产规划、制造装配和质量保证等各个子系统分别实现智能化的网络集成的高度自动化制造系统。

具体来说，智能制造系统就是要通过集成知识工程、制造软件系统、机器人视觉与机器人控制等来对制造技术的技能与专家知识进行模拟，使智能机器在没有人工干预的情况下进行生产。简单来说，智能制造系统就是要把人的智力活动变为制造机器的智能活动。

智能制造系统的物理基础是智能机器，它包括具有各种程序的智能加工机床，工具和材料传送、准备装置，检测和试验装置，以及安装装配装置等。智能制造系统的目的是通过设备柔性和计算机人工智能控制，自动地完成设计、加工、控制、管理的过程。

2.1.2　智能制造系统的架构

所谓"智能制造"，就是面向产品全生命周期，实现泛在感知条件下的信息化制造。其中包含的智能制造系统不仅能够在实践中不断地充实知识库，而且具有自学习功能，还有搜集与理解环境信息和自身的信息，并进行分析判断和规划自身行为的能力。智能制造包括智能制造技术和智能制造系统。

智能制造系统架构由生命周期、系统层级和智能功能3个维度构建完成，主要解决智能制造标准体系结构和框架的建模研究问题，如图2-1所示。

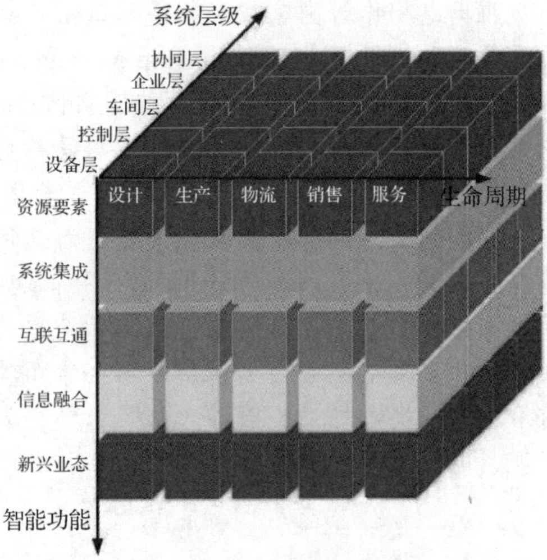

1. 生命周期

生命周期是由设计、生产、物流、销售、服务等一系列相互联系的价值创造活动组成的链式集合。生命周期中各项活动相互关联、相互影响。不同行业的生命周期构成不尽相同。

2. 系统层级

图2-1　智能制造系统架构

系统层级自下而上共5层，分别为设备层、控制层、车间层、企业层和协同层。智能制造的系统层级体现了装备的智能化、互联网协议化、网络的扁平化趋势。具体层级说明如下。

（1）设备层。包括传感器、仪器仪表、条码设备、射频识别设备、机器等装置，是企业进行生产活动的物质技术基础。

（2）控制层。包括可编程逻辑控制器、数据采集与监视控制系统、分布式控制系统和现场总线控制系统等。

（3）车间层。实现面向工厂/车间的生产管理，包括制造执行系统等。

（4）企业层。实现面向企业的经营管理，包括企业资源计划系统、产品生命周期管理、供应链管理系统和客户关系管理系统等。

（5）协同层。由产业链上不同企业通过互联网共享信息实现协同研发、智能生产、精准物流和智能服务等。

3. 智能功能

智能功能包括资源要素、系统集成、互联互通、信息融合和新兴业态。

（1）资源要素。资源要素包括设计施工图纸、产品工艺文件、原材料、制造设备、生产车间和工厂等物理实体，也包括电力、燃气等能源。此外，人员也可视为资源的一个组成部分。

（2）系统集成。系统集成是指通过二维码、射频识别、软件等信息技术集成原材料、零部件、能源、设备等各种制造资源，由小到大实现从智能装备到智能生产单元、智能生产线、数字化车间、智能工厂，乃至智能制造系统的集成。

（3）互联互通。互联互通是指通过有线、无线等通信技术，实现机器之间、机器与控制系统之间、企业之间的互联互通。

（4）信息融合。信息融合是指在系统集成和互联互通的基础上，利用云计算、大数据等新一代信息技术，在保障信息安全的前提下，实现信息协同共享。

（5）新兴业态。新兴业态包括个性化定制、远程运维和工业云等服务型制造模式。

4. 示例解析

智能制造系统架构通过3个维度展示智能制造的全貌。为了更好地解读和理解系统架构，这里以可编程逻辑控制器（Programmable Logic Controller，PLC）、工业机器人和工业互联网为例，分别从点、线、面3个方面诠释智能制造重点领域在系统架构中所处的位置及其相关标准。

（1）可编程逻辑控制器（PLC）。

PLC位于智能制造系统架构中生命周期的生产环节、系统层级的控制层、智能功能的系统集成环节，如图2-2所示。

已发布的PLC标准主要包括如下两项。

GB/T 15969.1—2007《可编程序控制器 第1部分：通用信息》。

IEC 61131-9—2013《可编程控制器 第9部分：小型传感器和致动器（SDCI）单滴数字通信接口》。

（2）工业机器人。

工业机器人位于智能制造系统架构中生命周期的生产环节、系统层级的设备层和控制层、智能功能的资源要素环节，如图2-3所示。

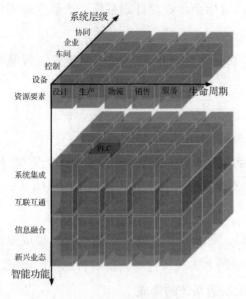

图2-2 PLC在智能制造系统架构中的位置

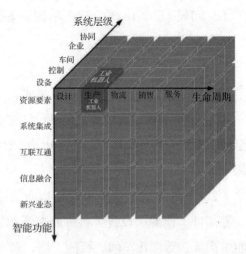

图2-3 工业机器人在智能制造系统架构中的位置

（3）工业互联网。

工业互联网在智能制造系统架构中的位置如图2-4所示。

工业互联网位于智能制造系统架构中生命周期的所有环节，系统层级的设备层、控制层、车间层、企业层和协同层5个层级，以及智能功能的互联互通环节。已发布的工业互联网标准主要包括如下各项。

GB/T 20171—2006《用于工业测量与控制系统的EPA系统结构与通信规范》。

GB/T 26790.1—2011《工业无线网络WIA规范 第1部分：用于过程自动化的WIA系统结构与通信规范》。

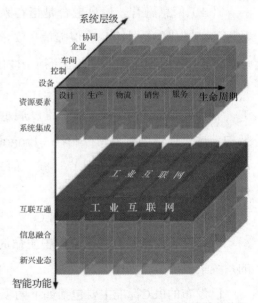

图2-4 工业互联网在智能制造系统架构中的位置

GB/T 25105.1—2014《工业通信网络 现场总线规范 类型10：PROFINET IO规范 第1部分：应用层服务定义》。

GB/T 25105.2—2014《工业通信网络 现场总线规范 类型10：PROFINET IO规范 第2部分：应用层协议规范》。

GB/T 25105.3—2014《工业通信网络 现场总线规范 类型10：PROFINET IO规范 第3部分：PROFINET IO通信行规》。

GB/T 19760.1—2008《CC-Link控制与通信网络规范 第1部分：CC-Link 协议规范》。

GB/T 19760.2—2008《CC-Link控制与通信网络规范 第2部分：CC-Link实现》。

GB/T 19760.3—2008《CC-Link控制与通信网络规范 第3部分：CC-Link 行规》。

GB/T 19760.4—2008《CC-Link控制与通信网络规范 第4部分：CC-Link/LT协议规范》。

2.1.3 智能制造系统的特点

智能制造系统应具备哪些特点才堪称智能制造呢？至少有5点：人机一体化、虚拟现实技术、兼具自组织和超融性的能力、兼具自学习能力和自身系统维护能力、严格自律的能力。

一个机器设备要能够严格自律，首先它一定能够认知和理解环境信息和本身信息，并进行分析和分辨来规划本身的行为和能力。兼具严格自律能力的机器设备称为自动化机器，自动化机器在一定程度上表现出自觉性、参与性、个性，甚至彼此之间能够统筹协调、运作、竞争，要有严格自律的能力，能够认知环境的变化，能够随着环境的变化自己提出战略来调整统一行动。要保证这些，一定要有强大的支持度和记忆支持的建模为基础，它才可能兼具严格自律能力。

智能制造系统能够单独担负起分析、分辨、提出战略的任务。人机对战集成化的智能控制系统，在自动化机器的协助下能够更好地发挥出人的潜力，使人机之间表现出一种平等共事、互相理解、互相协作的关系。因此，在智能制造系统中，高素质、高智能的人将发挥更好的作用。机器智能和人的智能可以真正地集成在一起，相互配合、相得益彰，永远是人机一体化的。

虚拟现实技术也是实现高水平的人机一体化的关键技术之一，虚拟现实技术是以计算机为基础，融合信号处理、动画技术、智能推理、预测、多媒体技术为一体，借助多种音像和传感器，虚拟展示现实生活中各种过程、部件，因而能够模拟制造过程和未来的产品，从感官上给人以完全真实的感受。它的特点是可以按照人的意志、意念来变化，这种人机结合的新一代的智能界面是智能制造的显著特征。

2.1.4 智能制造系统的典型特征

与传统的制造系统相比，智能制造系统具有以下特征。

1. 自组织能力

自组织能力是指信息管理系统（Information Management System，IMS）中的各种智能设备能够按照工作任务的要求，自行集结成一种最合适的结构，并按照最优的方式运行。完成任务后，该结构随即自行解散，以备在下一个任务中集结成最新的结构。自组织能力是IMS的一个重要标志。

2. 自律能力

自律能力，即搜集与理解环境信息，并进行分析判断和规划自身行为的能力。IMS能根据周围环境和自身作业状况的信息进行监测和处理，并根据处理结果自行调整控制策略，以采用最佳行动方案。这种自律能力使整个智能制造系统具备抗干扰、自适应和容错的能力。

3. 学习能力和自我维护能力

IMS以原有的专家知识为基础，在实践中不断进行学习，完善系统知识库，并删除库中有误的知识，使知识库趋向最优。同时，还能对系统故障进行自我诊断、排除和修复。这种特征使智能制造系统能够自我优化并适应各种复杂的环境。

4. 人机一体化

IMS不是单纯的"人工智能"系统，而是人机一体化智能系统，是一种混合智能。基于人工智能的智能机器只能进行机械式的推理、预测、判断，只具有逻辑思维，最多做到形象思维，完全做不到灵感思维，只有人类专家真正同时具备以上3种思维能力。人机一体化一方面突出人在制造系统中的核心地位，另一方面在智能机器的配合下，更好地发挥人的潜能，使人机之间表现出一种平等共事、相互"理解"、相互协作的关系，使二者在不同的层次上各显其能，相辅相成。

因此，在智能制造系统中，高素质、高智能的人将发挥更好的作用，机器智能和人的智能将真正地集成在一起，相互配合，相得益彰。

2.2 智能制造系统的自动化

2.2.1 自动化制造系统概述

自动化制造系统是指在较少的人工直接或间接干预下，将原材料加工成零件或将零件组装成产品，在加工过程中实现管理过程和工艺过程自动化。管理过程包括产品的优化设计、程序的编制及工艺的生成、设备的组织及协调、材料的计划与分配、环境的监控等。工艺过程包括工件的装卸、储存和输送，刀具的装配、调整、输送和更换，工件的切削加工、排屑、清洗和测量，切屑的输送、切削液的净化处理等。

2.2.2 自动化制造系统分类

自动化制造系统包括刚性制造和柔性制造。"刚性"的含义是指该生产线只能生产某种或生产工艺相近的某类产品，表现为生产产品的单一性。刚性制造包括组合机床、专用机床、刚性自动化生产线等。"柔性"是指生产组织形式和生产产品及工艺的多样性和可变性，具体表现为机床的柔性、产品的柔性、加工的柔性、批量的柔性等。柔性制造包括柔性制造单元、柔性制造系统、柔性制造线、柔性装配线、计算机集成制造系统等。下面依据自动化制造系统的生产能力和智能程度进行分类介绍。

1. 刚性自动化生产

（1）刚性半自动化单机。除上、下料外，还可以自动地完成单个工艺过程的加工循环的机床称为刚性半自动化单机。这种机床一般是机械或电液复合控制式组合机床和专用机床，可以进行多面、多轴、多刀同时加工，加工设备按工件的加工工艺顺序依次排列；切削刀具由人工安装、调整，实行定时强制换刀，如果出现刀具破损、折断，可进行应急换刀。例如单台组合机床、通用多刀半自动车床、转塔车床等。从复杂程度讲，刚性半自动化单机实现的是加工自动化的最低层次，但是投资少、见效快，适用于产品品种变化范围和生产批量都较大的制造系统。缺点是调整工作量大，加工质量较差，工人的劳动强度也大。

（2）刚性自动化单机。它是在刚性半自动化单机的基础上增加自动上、下料等辅助装置而形成的自动化机床。辅助装置包括自动工件输送、上料、下料、自动夹具、升降装置和转位装置等；切屑处理一般由刮板器和螺旋传送装置完成。这种机床实现的是单个工艺过程的全部加工循环。这种机床往往需要定做或改装，常用在品种变化很少，但生产批量特别大的场合。主要特点是投资少、见效快，但通用性差，是大量生产最常见的加工装备。

（3）刚性自动化生产线。刚性自动化生产线是多工位生产过程，用工件输送系统将各种自动化加工设备和辅助设备按一定的顺序连接起来，在控制系统的作用下完成单个零件加工的复杂大系统。在刚性自动化生产线上，被加工零件以一定的生产节拍，顺序通过各个工作位置，自动完成零件预定的全部加工过程和部分检测过程。因此，与刚性自动化单机相比，它的结构复杂，任务完成的工序多，所以生产效率也很高，是少品种、大量生产必不可少的加工装备。除此之外，刚性自动化生产线还具有可以有效缩短生产周期、取消半成品的中间库存、缩短物料流程、减少生产面积、改善劳动条件、便于管理等优点。它的主要缺点是投资大，系统调整周期长，更换产品不方便。为了消除这些缺点，人们发展了组合机床自动线，可以大幅度缩短建设周期，更换产品后只需更换机床的某些部件（如更换主轴箱），大大缩短了系统的调整时间，降低了生产成本，并能得到较好的使用效果和经济效益。组合机床自动线主要用于箱体类零件和其他类型非回转体的钻、扩、铰、镗、攻螺纹和铣削等工序的加工。刚性自动化生产线目前正在向刚柔结合的方向发展。

图2-5所示为加工曲拐零件的刚性自动化生产线总体布局。该刚性自动化生产线年生产曲拐零件1 700件，毛坯是球墨铸铁件。由于工件形状不规则，没有合适的输送基面，因此采用随行夹具安装定位，便于工件的输送。

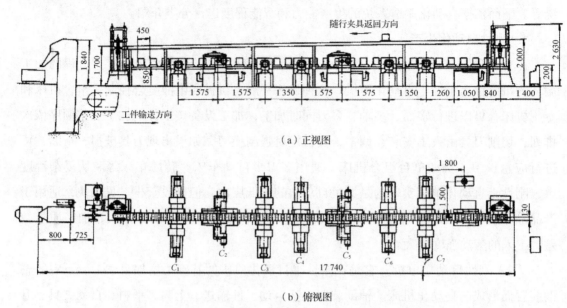

（a）正视图

（b）俯视图

图2-5　加工曲拐零件的刚性自动化生产线总体布局（单位：mm）

该曲拐的刚性自动化生产线由7台组合机床和1个装卸工位组成。全线定位夹紧机构由1个泵站集中供油。工件的输送采用步伐式输送带，输送带用钢丝绳牵引式传动装置驱动。因为毛坯在随行夹具上定位需要人工找正，所以没有采用自动上下料装置。在机床加工工位上采用压缩空气喷吹方式排出切屑，全线集中供给压缩空气。切屑运送采用链板式排屑装置，从机床中间底座下方运送切屑。

曲拐的刚性自动化生产线布局采用直线式，工件输送带贯穿各工位，工件传送带机装卸工位设在自动线末端。随行夹具连同工件毛坯经升降机提升，从机床上方送到自动线的始端，输送过程中没有切屑撒落到机床上、输送带上和地面上。切屑运送方向与工件输送方向相反，斗式切屑提升机设在自动线始端。中央控制台设在自动线末端。

刚性自动化生产线生产率高，但柔性较差，当加工工件变化时，需要停机、停线并对机床、夹具、刀具等工装设备进行调整或更换（如更换主轴箱、刀具、夹具等），通常调整工作量大，停产时间较长。

2．柔性制造单元

柔性制造单元（Flexible Manufacturing Cell，FMC）由单台数控机床、加工中心、工件自动输送及更换系统等组成。它是实现单工序加工的可变加工单元，单元内的机床在工艺能力上通常是相互补充的，可混流加工不同的零件。系统对外设有接口，可与其他单元组成柔性制造系统。

（1）FMC控制系统。FMC控制系统一般分两级，分别是设备控制级和单元控制级。

设备控制级是针对各种设备，如机器人、机床、坐标测量机、小车、传送装置等的单机控制。这一级的控制系统向上与单元控制系统通过接口连接，向下与设备连接。设备控制器的功能是把工作站控制器命令转换成可操作的、有次序的简单任务，并通过各种传感器监控这些任务的执行。设备控制级一般采用具有较强控制功能的微型计算机、总线控制机或可编程控制器等工控机。

单元控制级的控制系统通过指挥和协调单元中各设备的活动，处理由物料储运系统交来的零件托盘，并通过控制工件调整、零件夹紧、切削加工、切屑清除、加工过程中检验、卸下工件以及清洗工件等功能对设备级各子系统进行调度。单元控制级一般采用具有有限实时处理能力的微型计算机或工作站。单元控制级通过RS-232接口与设备控制级进行通信，也可以通过该接口与其他系统组成FMS。

（2）FMC的基本控制功能。单元中各加工设备的任务管理与调度，其中包括制订单元作业计划、计划的管理与调度、设备和单元运行状态的登录与上报等。单元内物流设备的管理与调度，这些设备包括传送带、有轨或无轨物料运输车、机器人、托盘系统、工件装卸站等。刀具系统的管理，包括向车间控制器和刀具预调仪提出刀具请求、将刀具分发至需要它的机床等。

图2-6所示为以加工回转体零件为主的柔性制造单元。它包括数控车床1，加工中心2，而运输小车13、14用于在工件装卸工位3、数控车床1和加工中心2之间的输送，龙门式机械手4用来为数控车床装卸工件和更换刀具，机器人5进行加工中心控制器6（刀具

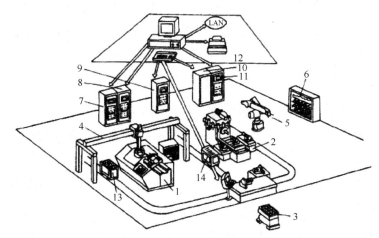

1—数控车床；2—加工中心；3—装卸工位；4—龙门式机械手；5—机器人；6、10—加工中心控制器；7—车床数控装置；
8—龙门式机械手控制器；9—小车控制器；11—机器人控制器；12—单元控制器；13、14—运输小车

图2-6 以加工回转体零件为主的柔性制造单元

库和机外刀库）之间的刀具交换；控制系统由车床数控装置7、龙门式机械手控制器8、小车控制器9、加工中心控制器10、机器人控制器11和单元控制器12等组成。其中，单元控制器12负责对单元组成设备的控制、调度、信息交换和监视。

图2-7所示为加工棱体零件的柔性制造单元。单元主机是一台卧式加工中心，刀库容量为70把，采用双机械手换刀，配有8工位自动交换托盘库。托盘库为环形转盘，托盘库台面支承在圆柱环形导轨上，由内侧的环链拖动而回转，链轮由电机驱动。托盘的选择和定位由可编程控制器控制，托盘库具有正反向回转、随机选择及跳跃分度等功能。托盘的交换由设在环形台面中央的液压推拉机构实现。托盘库旁设有工件装卸工位，机床两侧设有自动排屑装置。

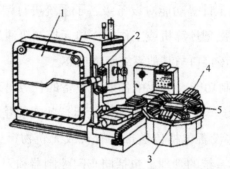

1—刀具库；2—换刀机械手；3—托盘库；4—装卸工位；5—托盘交换机构

图2-7　加工棱体零件的柔性制造单元

3. 柔性制造系统

柔性制造系统（Flexible Manufacturing System，FMS）由两台或两台以上加工中心或数控机床组成，并在加工自动化的基础上实现物料流和信息流的自动化，其基本组成部分有自动化加工设备、工件储运系统、刀具储运系统、辅助设备、多层计算机控制系统等。

（1）自动化加工设备。组成FMS的自动化加工设备有数控机床、加工中心、车削中心等，也可能有柔性制造单元。这些加工设备都是由计算机控制的，加工零件的改变一般只需要改变数控程序，因而具有很高的柔性。自动化加工设备是自动化制造系统最基本，也是最重要的设备之一。

（2）工件储运系统。FMS的工件储运系统由工件库、工件运输设备和工件更换装置等组成。工件库包括自动化立体仓库和托盘（工件）缓冲站等。工件运输设备包括各种传送带、运输小车、机器人或机械手等。工件更换装置包括各种机器人或机械手、托盘交换装置等。

（3）刀具储运系统。FMS的刀具储运系统由刀具库、刀具输送装置和刀具交换装置等组成。刀具库有中央刀库和机床刀库。刀具输送装置有不同形式的运输小车、机器人或机械手。刀具交换装置通常是指机床上的换刀机构，如换刀机械手。

（4）辅助设备。FMS可以根据生产需要配置辅助设备。辅助设备一般包括自动清洗工作站、自动去毛刺设备、自动测量设备、集中切屑运输系统和集中冷却润滑系统等。

（5）多层计算机控制系统。FMS的控制系统采用三级控制，分别是设备控制级、工作站控制级、单元控制级。图2-8所示就是一个FMS的控制系统实例，系统包括自动导向小车（Automated Guided Vehicle，AGV）控制器、TH 6350卧式加工中心、XH 714A立式加工中心等。

①设备控制级。设备控制主要是针对各种设备，如机器人、机床、坐标测量机、小车、传送装置以及储存/检索等的单机控制。这一级的控制系统向上与工作站控制系统通过接口连接，向下与设备连接。设备控制器的功能是把工作站控制器命令转换成可操作的、有次序的简单任务，并通过各种传感器监控这些任务的执行。

②工作站控制级。FMS工作站一般分成加工工作站和物流工作站。加工工作站完成各工位的加工工艺流程、刀具更换、检验等管理；物流工作站完成原料、成品及半成品的储存、运输、工位变换等管理。这一级控制系统指挥和协调单元中一个设备小组的活动，处理由物料储运系统交来的零件托盘，并通过控制工件调整、零件夹紧、切削加工、切屑清除、加工过程中检验、卸下工件以及清洗工件等功能对设备级各子系统进行调度。

设备控制级和工作站控制级等控制系统一般采用具有较强控制功能的、有实时控制功能的微型计算机、总线控制机或可编程控制器等工控机。

③单元控制级。单元控制级作为FMS的最高一级控制，是全部生产活动的总体控制系统，同时它还是承上启下，与上级（车间）控制器沟通、联系的桥梁。因此，单元控制器对实现底三层有效的集成控制，提高FMS的经济效益特别是生产能力，具有十分重要的意义。单元控制级一般采用具有较强实时处理能力的小型计算机或工作站。

柔性制造系统的主要特点有：柔性高，适宜多品种、中小批量生产；系统内的机床工艺能力是相互补充和相互替代的；可混流加工不同的零件；系统局部调整或维修不中断整个系统的运作；多层计算机控制，可以和上层计算机联网；可进行三班无人干预生产。

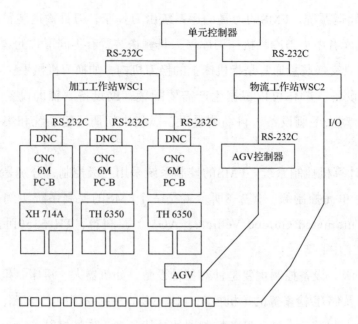

图2-8　FMS的控制系统实例

4. 柔性制造线

柔性制造线（Flexible Manufacturing Line，FML）由自动化加工设备、工件输送系统和刀具等组成。柔性制造线与柔性制造系统之间的界限很模糊，两者的重要区别是前者像刚性自动化生产线一样，具有一定的生产节拍，工件沿一定的方向顺序传送；后者则没有一定的生产节拍，工件的传送方向也是随机的。柔性制造线主要适用于品种变化不大的中大批量生产，线上的机床主要是多轴主轴箱的换箱式和转塔式加工中心。在工件变换以后，各机床的主轴箱可自动进行更换，同时调入相应的数控程序，生产节拍也会做相应的调整。

柔性制造线的主要优点是：具有刚性自动化生产线的绝大部分优点，当批量不是很大时，生产成本比刚性自动化生产线低得多；当品种改变时，系统所需的调整时间又比刚性自动化生产线少得多，但建立系统的总费用比刚性自动化生产线高得多。有时为了节省投资，提高系统的运行效率，柔性制造线常采用刚柔结合的形式，即生产线的一部分设备采用刚性专用设备（主要是组合机床），另一部分采用换箱或换刀式柔性加工机床。

（1）自动化加工设备。组成FML的自动化加工设备有数控机床和可换主轴箱机床。可换主轴箱机床是介于加工中心和组合机床之间的一种中间机型。可换主轴箱机床周围有主轴箱库，可以根据加工工件的需要更换主轴箱。主轴箱通常是多轴的，可换主轴箱机床对工件进行多面、多轴、多刀同时加工，是一种高效机床。

（2）工件输送系统。FML的工件输送系统和刚性自动化生产线类似，采用各种传送带输送工件，工件的流向与加工顺序一致，依次通过各加工站。

（3）刀具。可换主轴箱上装有多把刀具，主轴箱本身起着刀具库的作用，刀具的安装、调整一般由人工进行，采用定时强制换刀。

图2-9所示为加工箱体零件的柔性制造线，它由2台对面布置的数控铣床、4台两两对面布置的转塔式换箱机床和1台循环式换箱机床组成。采用辊子传送带输送工件。这条柔性制造线看起来和刚性自动化生产线没什么区别，但它具有一定的柔性。FML同时具有刚性自动化生产线和FMS的某些特征。在柔性上接近FMS，在生产率上接近刚性自动化生产线。

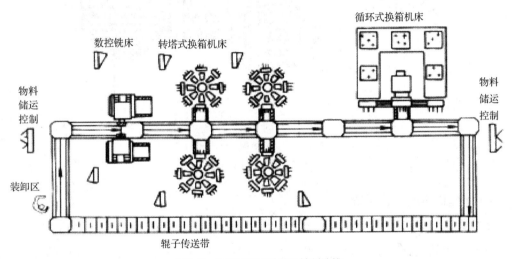

图2-9 加工箱体零件的柔性制造线

5. 柔性装配线

柔性装配线（Flexible Assembly Line，FAL）通常由装配站、物料输送装置和控制系统等组成。

（1）装配站。FAL中的装配站可以是可编程的装配机器人，也可以是不可编程的自动装配站或人工装配工位。

（2）物料输送装置。在FAL中，物料输送装置根据装配工艺流程为装配线提供各种装配零件，使不同的零件和已装配的半成品合理地在各装配点间流动，同时还要将成品部件（或产品）运离现场。物料输送装置由传送带和换向机构等组成。

（3）控制系统。FAL的控制系统对全线进行调度和监控，主要是控制物料的流向、自动装配站和装配机器人。

图2-10所示为柔性装配线，装配线由无人驾驶输送装置1、传送带2、双臂装配机器人3、装配机器人4、拧螺纹机器人5、自动装配站6、人工装配工位7和投料工作站8等组

成。投料工作站中有料库和取料机器人。料库有多层重叠放置的盒子，这些盒子可以抽出，也称为抽屉，待装配的零件存放在这些盒子中。取料机器人有各种不同的夹爪，它可以自动地将零件从盒子中取出，并摆放在一个托盘中。盛有零件的托盘由传送带自动地送往装配机器人或装配站。

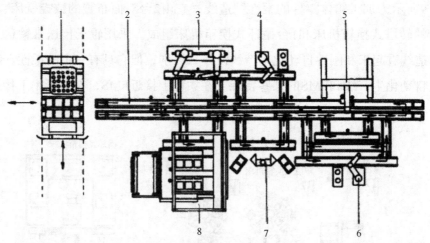

1—无人驾驶输送装置；2—传送带；3—双臂装配机器人；4—装配机器人；5—拧螺纹机器人；

6—自动装配站；7—人工装配工位；8—投料工作站

图2-10　柔性装配线

6. 计算机集成制造系统

计算机集成制造系统（Computer Integrated Manufacturing System，CIMS）是一种集市场分析、产品设计、加工制造、经营管理、售后服务于一体，借助计算机的控制与信息处理功能，使企业运作的信息流、物质流、价值流和人力资源有机融合，实现产品快速更新、生产率大幅提高、质量稳定、资金有效利用、损耗降低、人员合理配置、市场快速反馈和良好服务的全新的企业生产系统。

（1）CIMS的功能构成。CIMS的功能构成包括下列内容。

①管理功能。CIMS能够对生产计划、材料采购、仓储和运输、资金、财务以及人力资源进行合理配置和有效协调。

②设计功能。CIMS能够运用CAD（计算机辅助设计）、CAE（计算机辅助工程）、CAPP（计算机辅助工艺规程编制）、NCP（数控程序编制）等技术手段实现产品设计、工艺设计等。

③制造功能。CIMS能够按工艺要求，自动组织协调生产设备（CNC、FMC、FMS、FAL、机器人等）、储运设备和辅助设备（送料、排屑、清洗等设备）完成制造过程。

④质量控制功能。CIMS运用CAQ（计算机辅助质量管理）来完成生产过程的质量管理和质量保证，它不仅在软件上形成质量管理体系，在硬件上还参与生产过程的测试与监控。

⑤集成控制与网络功能。CIMS采用多层计算机管理模式，例如工厂控制级、车间控制级、单元控制级、工作站控制级、设备控制级等，各级间分工明确、资源共享，并依赖网络实现信息传递。CIMS还能够与客户建立网络沟通渠道，实现自动订货、服务反馈、外协合作等。

从上述介绍可知，CIMS是目前最高级别的自动化制造系统，但这并不意味着CIMS是完全自动化的制造系统。事实上，目前意义上CIMS的自动化程度甚至比柔性制造系统还要低。CIMS强调的主要是信息集成，而不是制造过程物流的自动化。CIMS的主要特点是系统十分庞大，包括的内容很多，要在一个企业完全实现难度很大。但可以采取部分集成的方式，逐步实现整个企业的信息及功能集成。

（2）CIMS的关键技术。CIMS是传统制造技术、自动化技术、信息技术、管理科学、网络技术、系统工程技术等综合应用的产物，是复杂而庞大的系统工程。CIMS的主要特征是计算机化、信息化、智能化和高度集成化。目前大部分国家都处在局部集成和较低水平的应用阶段，CIMS所需解决的关键技术主要有信息集成、过程集成和企业集成等问题。

①信息集成。针对设计、管理和加工制造的不同单元，实现信息正确、高效的共享和交换，是改善企业技术和管理水平必须首先解决的问题。信息集成的首要任务是建立企业的系统模型。利用企业的系统模型来科学地分析和综合企业各部分的功能关系、信息关系和动态关系，明确企业的物质流、信息流、价值流、决策流之间的关系，这是企业信息集成的基础。其次，由于系统中包含不同的操作系统、控制系统、数据库和应用软件，且各系统间可能使用不同的通信协议，因此信息集成还要处理好信息间的接口问题。

②过程集成。企业为了达成T（时间）、Q（质量）、C（成本）、S（服务）、E（环境）等目标，除信息集成外，还必须处理好过程间的优化与协调。过程集成要求将产品开发、工艺设计、生产制造、供应销售中的各串行过程尽量转变为并行过程，如在产品设计时就考虑到下游工作中的可制造性、可装配性、可维护性等，并预见产品的质量、售后服务内容等。过程集成还包括快速反应和动态调整，即当某一过程出现未预见偏差时，相关过程能及时调整规划和方案。

③企业集成。充分利用全球的物质资源、信息资源、技术资源、制造资源、人才资源和用户资源等，满足以人为核心的智能化和以用户为中心的产品柔性化是CIMS的全

球化目标，企业集成就是解决资源共享、资源优化、信息服务、虚拟制造、并行工程、网络平台等方面的关键技术。

2.2.3　自动化制造系统组成

1. 自动化加工设备

组成FMS的自动化加工设备有组合机床、一般数控机床、车削中心、加工中心等，也可能有柔性制造单元。这些加工设备都是计算机控制的，加工零件的改变一般只需要改变数控程序，因而具有很高的柔性。自动化加工设备是自动化制造系统最基本，也是最重要的设备。

（1）组合机床。组合机床一般是针对某一种零件或某一组零件设计、制造的，常用于箱体、壳体和杂件类零件的平面、各种孔和孔面的加工，往往能在一台机床上对工件进行多刀、多轴、多面和多工位加工。

组合机床是一种以通用部件为基础的专用机床，组成组合机床的通用部件有床身、底座、立柱、动力箱、主轴箱、动力滑台等。绝大多数通用部件是按标准设计、制造的，主轴箱虽然不能做成完全通用的，但其组成零件（如主轴、中间轴和齿轮等）很多是通用的。

组合机床的下述特点对其组成自动化制造系统是非常重要的。工序集中，多刀同时切削加工，生产效率高；采用专用夹具和刀具，加工质量稳定；常用液压、气动装置对工件定位、夹紧和松开，实现工件的装夹自动化；常用随行夹具，方便工件装卸和输送；更换主轴箱可适应同组零件的加工，有一定的柔性；采用可编程逻辑控制器控制，可与上层控制计算机通信；机床主要由通用部件组成，设计、制造周期短，系统的建造速度快。

（2）一般数控机床。数控机床是一种由数字信号控制其动作的自动化机床。现代数控机床常采用计算机进行控制，即Computer Numerical Control，简称CNC。数控机床是组成自动化制造系统的重要设备。其特点如下。

①柔性高。数控机床按照数控程序加工零件，当加工零件改变时，一般只需要更换数控程序和配备所需的刀具，不需要改换靠模、样板、钻镗模等专用工艺装备。数控机床可以很快地从加工一种零件转变为加工另一种零件，生产准备周期短，适合于多品种、小批量生产。

②自动化程度高。数控程序是数控机床加工零件所需的几何信息和工艺信息的集合。几何信息有走刀路径、插补参数、刀具长度、半径补偿值等；工艺信息有刀具、主轴转速、进给速度、切削液开/关等。在切削加工过程中，自动实现刀具和工件的相对运

动，自动变换切削速度和进给速度，自动开/关切削液，数控车床自动转位换刀。操作者的任务是装卸工件、换刀、操作按键、监视加工过程等。

③加工精度高、质量稳定。现代数控机床装备有CNC数控装置和伺服系统，具有很高的控制精度。数控机床的进给伺服系统采用闭环或半闭环控制，对反向间隙和丝杠螺距误差以及刀具磨损进行补偿，因而数控机床能达到较高的加工精度。中小型数控机床，定位精度普遍可达到0.03 mm，重复定位精度可达到0.01 mm。数控机床的传动系统和机床结构都具有很高的刚度和稳定性，制造精度也比普通机床高。当数控机床有3～5轴联动功能时，可加工各种复杂曲面，并能获得较高精度。由于数控机床按照数控程序自动加工，避免了人为的操作误差，因此同一批加工零件的尺寸一致性好，加工质量稳定。

④生产效率较高。零件加工时间由机动时间和辅助时间组成，数控机床加工的机动时间和辅助时间比普通机床明显减少。数控机床主轴转速范围和进给速度范围比普通机床大，主轴转速范围通常为10～6 000 r/min，高速切削加工时可达15 000 r/min，进给速度范围可达10～12 r/min，高速切削加工进给速度甚至超过30 m/min，快速移动速度达30～60 m/min。主运动和进给运动一般为无级变速，每道工序都能选用最有利的切削用量，空行程时间明显减少。数控机床的主轴电动机和进给驱动电动机的驱动能力比同规格的普通机床大，机床的结构刚度高，有的数控机床能进行强力切削，有效地减少机动时间。

⑤具有刀具寿命管理功能。构成FMC和FMS的数控机床具有刀具寿命管理功能，可对每把刀的切削时间进行统计，当达到给定的刀具寿命时，自动换下磨损刀具，并换上备用刀具。

⑥具有通信功能。现代数控机床一般都具有通信接口，可以实现上层计算机与CNC之间的通信，也可以实现几台CNC之间的数据通信，同时还可以直接对几台CNC进行控制。通信功能是实现DNC、FMC、FMS的必备条件。

（3）车削中心。车削中心相比数控车床工艺范围宽，工件一次安装，几乎能完成所有表面的加工，如内外圆表面、端面、沟槽、内外圆及端面上的螺旋槽、非回转轴心线上的轴向孔、径向孔等。

车削中心回转刀架上可安装如钻头、铣刀、铰刀、丝锥等回转刀具，它们由单独的电动机驱动，也称自驱动刀具。在车削中心用自驱动刀具对工件加工分为两种情况：一种是主轴分度定位后固定，对工件进行钻、铣、攻螺纹等加工；另一种是主轴运动作为一个控制轴（C轴），C轴运动和x、z轴运动合成为进给运动，即三坐标联动，铣刀在工件表面上铣削各种形状的沟槽、凸台、平面等。在很多情况下，无须专门安排一道工序对工件单独进行钻、铣加工，这样可消除二次安装引起的同轴度误差，缩短加工周期。

车削中心回转刀架通常可装12～16把刀具，这对无人看管的柔性加工来说，刀架上的刀具数是不够的。因此，有的车削中心装备有刀具库，刀具库有筒形或链形，刀具更换和存储系统位于机床一侧，刀具库和刀架间的刀具交换由机械手或专门机构进行。

现代车削中心工艺范围宽，加工柔性高，人工介入少，加工精度、生产效率和机床利用率都很高。

（4）加工中心。加工中心通常是指镗铣加工中心，主要用于加工箱体及壳体类零件，工艺范围广。加工中心具有刀具库及自动换刀机构、回转工作台、交换工作台等，有的加工中心还具有可交换式主轴或卧立式主轴。加工中心目前已成为一类广泛应用的自动化加工设备，它们可作为单机使用，也可作为FMC、FMS中的单元加工设备。加工中心有立式和卧式两种基本形式，前者适合于平面型零件的单面加工，后者特别适合于大型箱体零件的多面加工。加工中心除了具有一般数控机床的特点，还具有其自身的特点。加工中心必须有刀具库及刀具自动交换机构，其结构形式和布局是多种多样的。刀具库通常位于机床的侧面或顶部。刀具库远离工作主轴的优点是少受切屑液的污染，使操作者在调换库中刀具时免受伤害。FMC和FMS中的加工中心通常需要大量刀具，除了满足不同零件的加工，还需要后备刀具，以实现在加工过程中实时更换破损刀具和磨损刀具，因而要求刀具库的容量较大。换刀机械手有单臂机械手和双臂机械手，双臂机械手应用较普遍。

加工中心刀具的存取方式有顺序存取和随机存取，刀具随机存取是最主要的方式。随机存取就是在任何时候可以取用刀具库中的任意一把刀，选刀次序是任意的，可以多次选取同一把刀，从主轴卸下的刀被允许放在不同于先前所在的刀座上，CNC可以记忆刀具所在的位置。采用顺序存取时，刀具严格按数控程序调用刀具的次序排列。程序开始时，刀具按照排列次序一个接着一个取用，用过的刀具仍放回原来的刀座上，以保持确定的顺序不变。正确地安放刀具是成功地执行数控程序的基本条件。

配合使用加工中心的交换工作台和托盘交换装置，可实现工件的自动更换，从而缩短了消耗在更换工件上的辅助时间。

2. 工件储运系统

（1）工件储运系统的组成。在自动化制造系统中，伴随制造过程进行着各种物料的流动，如工件或工件托盘、刀具、夹具、切屑、切削液等。工件储运系统是自动化制造系统的重要组成部分，它将工件毛坯或半成品及时准确地送到指定加工位置，并将加工好的成品送进仓库或装卸站。工件储运系统为自动化加工设备服务，使自动化制造系统得以正常运行，以提高系统的整体效益。

工件储运系统由存储设备、运输设备和辅助设备等组成。存储是指将工件毛坯、制品或成品在仓库中暂时保存起来，以便根据需要取出，投入制造过程。立体仓库是典型的自动化仓储设备。运输是指工件在制造过程中的流动，例如工件在仓库或托盘站与工作站之间的输送，以及在各工作站之间的输送等。广泛应用的运输设备有自主传送料道、传送带、运输小车、机器人及机械手等。辅助设备是指仓库与运输小车的连接装置或托盘交换装置。

（2）工件运输设备。

①传送带。传送带广泛应用于自动化制造系统中工件或工件托盘的输送。传送带的形式有多种，如步伐式传送带、链式传送带、辊道式传送带、履带式传送带等。

②托盘。在FMS中广泛采用托盘及托盘交换装置实现工件自动更换，缩短消耗在更换工件上的辅助时间。托盘是工件和夹具与运输设备和加工设备之间的"接口"。托盘有箱式、板式等多种结构。箱式托盘不进入机床的工作空间，主要用于小型工件及回转体工件的储存和运输。板式托盘主要用于较大型非回转体工件，工件在托盘上通常是单件安装，大型托盘上可安装多个相同或不相同的工件。

③托盘交换装置。托盘交换装置是加工中心与工件运输设备之间的连接装置，起着桥梁和接口的作用。托盘交换装置的常用形式是回转式和往复式。回转式托盘交换装置有两位和多位等形式。多位回转式托盘交换装置可以存储多个相同或不同的工件，所以也称为托盘库。

④运输小车。运输小车主要有两种：有轨小车和自动导向小车（AGV）。有轨小车是一种沿着铁轨行走的运输工具，有自驱式和他驱式两种驱动方式。自驱式有轨小车有电动机，通过车上小齿轮和安装在铁轨一侧的齿条啮合，利用交、直流伺服电动机驱动。他驱式有轨小车由外部链索牵引。AGV是一种无人驾驶的、以蓄电池供电的物料搬运设备，其行驶路线和停靠位置是可编程的。在自动化制造系统中用的AGV大多数是磁感应式AGV，由运输小车、地下电缆和控制器3个部分组成。AGV由蓄电池提供动力，沿着埋设在地板槽内的用交变电流激磁的电缆行走，地板槽埋设在地下。

（3）立体仓库。

立体仓库是一种先进的存储设备，其目的是将物料存放在正确的位置，以便于随时向制造系统供应物料。立体仓库在自动化制造系统中起着十分重要的作用。立体仓库的主要特点有：①利用计算机管理，使物资库存账目更清楚，物料存放位置更准确，对自动化制造系统物料需求响应速度快；②与搬运设备（如AGV、有轨小车、传送带）衔接，供给物料可靠及时；③减少库存量，加速资金周转；④充分利用空间，减少厂房面积；⑤减少工件损伤和物料丢失；⑥可存放的物料范围宽；⑦减少管理人员，降低管理费用；⑧耗资较大，适用于一定规模的生产。立体仓库主要由堆垛起重机、高层货架、场内外AGV、外围输送设备、自动控制装置等组成，如图2-11所示。

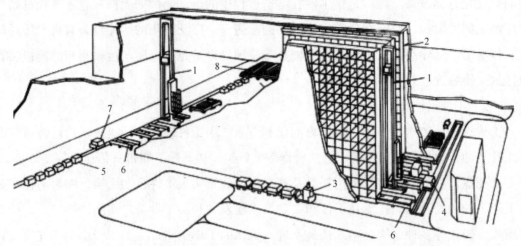

1—堆垛起重机；2—高层货架；3—场内AGV；4—场内有轨小车；5—中转货位；
6—出入库传送滚道；7—场外AGV；8—中转货场
图2-11 立体仓库

堆垛起重机是立体仓库内部的搬运设备。堆垛起重机上有货格状态检测器。它采用光电检测方法，利用零件表面对光的反射作用，探测货格内有无货箱，防止取空或存货干涉。

立体仓库实现了仓库管理自动化和出入库作业自动化。仓库管理自动化包括对账目、货箱、货位及其他信息的计算机管理。出入库作业自动化包括货箱零件的自动识别、自动认址、货格状态的自动检测以及堆垛起重机各种动作的自动控制等。

3. 刀具准备及储运系统

（1）概述。

刀具准备及储运系统为各加工设备及时提供所需要的刀具，从而实现刀具供给自动化，使自动化制造系统的自动化程度进一步提高。

在刚性自动化生产线中，被加工零件品种比较单一，生产批量比较大，属于少品种、大批量生产。为了提高自动化生产线的生产效率和简化制造工艺，多采用多刀、复合刀具、仿形刀具和专用刀具加工，一般是多轴、多面同时加工。刀具的更换是定时强制换刀，由调整工人来完成。刀具供给部门准备刀具，并进行预调。调整工人逐台机床更换刀具，直至全线所有刀具已更换，并进行必要的调整和试加工。换刀、调试结束后，交给生产工人使用。特殊情况和中途停机换刀作为紧急事故处理。

在FMS中，被加工零件品种较多。当零件加工工艺比较复杂且工序高度集中时，需要的刀具种类、规格、数量是很多的。随着被加工零件的变化和刀具磨损、破损，需要进行定时强制性换刀或随机换刀。由于在系统运行过程中，刀具频繁地在各机床之间、机床和刀库之间进行交换，因此刀具流的运输、管理和监控是很复杂的。

（2）刀具准备及储运系统的组成。

刀具准备及储运系统由刀具组装台、刀具预调仪、刀具进出站、中央刀库、机床刀库、刀具输送装置等组成。图2-12所示为刀具准备及储运系统。

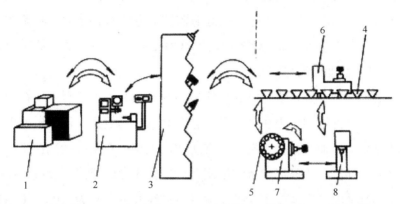

1—刀具组装台；2—刀具预调仪；3—刀具进出站；4—中央刀库；5—机床刀库；

6—刀具输送装置；7—加工中心；8—数控机床

注：⟷刀具输送　⟩⟨刀具交换

图2-12　刀具准备及储运系统

4. 检测与监控系统

（1）概述。

自动化制造系统的加工质量与工艺过程中的工艺路线、技术条件和约束控制参数有关。零件的加工质量是自动化制造系统各道工序质量的综合反映。其中，有些工序是关键工序，有些因素是主导因素。质量问题主要来源于机床、刀具、夹具和托盘等，如刀具磨损及破损、刀具受力变形、刀具补偿值、机床间隙、刚性、热变形、托盘零点偏移等。国外统计资料表明，刀具原因引起加工误差的概率最高。为了保证自动化制造系统的加工质量，需要对加工设备和加工工艺过程进行监控，包括工艺过程的自适应控制和加工误差的自动补偿，目的是主动控制质量，防止产生废品。

为了保证自动化制造系统的正常可靠运行，提高加工生产率和加工过程安全性，合理利用自动化制造系统中的制造资源，需要对自动化制造系统的运行状态和加工过程进行检测与控制。检测与监控的对象如图2-13所示。

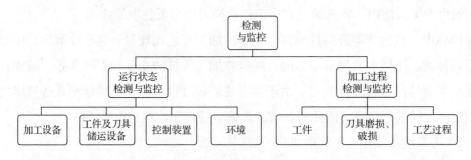

图2-13　检测与监控的对象

检测信号有几何的、力学的、电学的、光学的、声学的、温度的和状态的（空/忙，进/出，占位/非占位，运行/停止）等。检测与监控的方法有直接的与间接的、接触式的与非接触式的、在线的（On-Line）与离线的（Off-Line）、总体的与抽样的等。

（2）工件尺寸精度检测与监控。

工件尺寸精度检测分为在线检测和离线检测两种。在加工过程中或在加工系统运行过程中对被测对象进行检测称为在线检测。它在对测得的数据进行分析处理后，通过反馈调整加工过程来保证加工精度。例如，有些数控机床上安装有激光在线测量装置，在加工的同时测量工件尺寸，根据测量结果调整数控程序参数或刀具磨损补偿值，以保证工件尺寸在允许范围内，这就是主动控制测量。在线检测又分为工序间（循环内）检测和最终工序检测两种。循环内检测可实现加工精度的在线检测及实时补偿，而最终工序检测实现对工件精度的最终测量与误差统计分析，找出产生加工误差的原因，并调整加工过程。

在加工中或加工后脱离加工设备对被测对象进行检测称为离线检测。离线检测的结果为合格、报废或可返修。经过误差统计分析可得到尺寸变化趋势，然后通过人工干预调整加工过程。离线检测设备在自动化制造系统中得到广泛应用，主要有三坐标测量机、测量机器人和专用检测装置等。

（3）刀具磨损和破损的检测与监控。

在金属切削加工过程中，如果刀具的磨损和破损未能及时发现，将导致切削过程的中断，引起工件报废或机床损坏，甚至使整个制造系统停止运行，造成很大的经济损失。因此，应在制造系统中设置刀具磨损和破损的检测与监控装置。刀具磨损最简单的检测方法之一是记录每把刀具的实际切削时间，并与刀具寿命的极限值进行比较，达到极限值就发出换刀信号。刀具破损的一般检测方法是将每把刀具在切削加工开始前或切削加工结束后移到固定的检测装置，以检测是否破损。在切削加工过程中对刀具磨损和破损的检测与监控需要附加检测装置，技术上比较复杂，费用较高。刀具磨损和破损常用的检测与监控方式有如下几种。

①切削力检测。切削力的变化能直接反映刀具的磨损情况。如果切削力突然上升或突然下降，可能预示刀具的折断。当刀具在切削过程中磨损时，切削力会增大；如果刀具崩刃或断裂，切削力会剧增。在系统中，工件加工余量的不均匀等因素也会引起切削力的变化。

②声发射检测。固体在产生变形或断裂时，以弹性波形式释放出变形能的现象称为声发射。在金属切削过程中产生声发射信号的原因有工件的断裂、工件与刀具的摩擦、刀具的破损及工件的塑性变形等。因此，在切削过程中会产生频率范围很宽的声发射信号，从几十千赫至几兆赫。声发射信号可分为突发型和连续型两种。突发型声发射信号在表面开裂时产生，其信号幅度较大，各声发射事件之间间隔时间较长；连续型声发射信号幅度较小，事件发生的频率较高。声发射信号受切削条件变化影响较小，抗环境噪声和振动等随机干扰的能力较强。因此，声发射检测识别刀具破损的精确度和可靠性较高，能识别出直径为1 mm的钻头或丝锥的破损，是一种很有发展前途的刀具破损检测方式。

③视觉检测。近几年在检测领域发展较快的是视觉检测。视觉检测的原理是利用高分辨率摄像头拍摄工件的图像，将拍摄得到的图像输入计算机，通过计算机对图像进行处理和识别，得到零件的形状、尺寸和表面形貌等信息。视觉检测属于非接触式检测范畴，目前的检测精度可以达到微米级，检测速度在1 s以内。视觉检测常用于对零件进行分类、对零件的表面质量和几何精度进行检测。视觉检测的缺点是对图像进行处理的速度慢，开发出速度更快、检测精度更高的算法是目前视觉检测的研究重点。

④环境及安全检测。为了保证自动化制造系统正常可靠运行，需要对自动化制造系统的生产环境和安全特性进行监测。主要监测内容有电网的电压及电流值，空气的温度及湿度，供水、供气的压力和流量，火灾，人员安全等。

5. 辅助设备

零件的清洗、去毛刺、切屑和切削液的处理是制造过程中不可缺少的工序。零件在检验、存储和装配前必须要清洗及去毛刺；切屑必须随时被排出、运走并回收利用；切削液的回收、净化和再利用，可以减少污染，保护工作环境。

（1）清洗站。

零件表面的污染物可以利用机械、物理与化学的方式来去除。机械方式是通过刷洗、搅拌、压力喷淋、振动、超声波等外力作用对零件进行清洗。物理与化学方式则是利用润湿、乳化、皂化、溶解等方式进行清洗。清洗站有许多种类、规格和结构，但是一般按其工作是否连续分为间歇式（批处理式）和连续通过式（流水线式）。批处理式清洗站用于清洗质量和体积较大的零件，属中、小批量清洗；流水线式清洗站用于零件通过量大的场合。

清洗站有高压喷嘴，喷嘴的大小、安装位置和方向要考虑零件的清洗部位，保证零件的内部和难清洗的部位均能清洗干净。为了彻底冲洗夹具和托盘上的切屑，清洗液应有足够大的流量和压力。高压清洗液能粉碎结团的杂渣和油脂，能很好地清洗工件、夹具和托盘。对清洗过的工件进行检查时，要特别注意不通孔和凹入处是否清洗干净。确定工件的安装位置和方向时，应考虑到最有效的清洗和清洗液的排出。吹风是清洗站重要的工序之一，它可缩短干燥时间，防止清洗液外流到其他机械设备或制造系统的其他区域，保持工作区的洁净。有些清洗站采用循环对流的热空气吹干，空气用煤气、蒸气或电加热，以便快速吹干工件，防止工件生锈。

（2）去毛刺设备。

去毛刺以前是由手工进行的，是重复的、繁重的体力劳动。最近几年出现了多种去毛刺的新方法，可以代替人的体力劳动，实现去毛刺自动化。最常用的方法有机械去毛刺、振动去毛刺、喷射去毛刺、热能去毛刺、电化学去毛刺等。

（3）切屑和切削液处理。

在自动化制造系统中，对切屑进行排出、运输和对切削液进行净化、循环利用非常重要，这对环境保护、节省费用、增加废物利用价值有重要意义。许多自动化制造装备都有切屑排出、集中输送和切削液集中供给及处理系统。

切屑的处理包括3个方面的内容：将切屑从加工区域清除出去；将切屑输送到系统以外；将切屑从切削液中分离出去。

2.2.4 自动化制造系统总体设计

1. 概述

自动化制造系统的设计，不仅需要耗费大量人力、物力，而且需要较长的时间周期。更为重要的是，因设计阶段处理问题不当而产生的失误往往会造成严重后果，后续阶段难以弥补。因此，为保证制造系统设计的质量，减少错误，一般将设计过程划分为若干阶段，每个阶段完成后进行严格审查，合格后才能进行下一阶段的工作。制造系统设计过程如图2-14所示。

制造系统设计过程的输入为用户提出的对未来新系统的要求，输出为提交给用户使用的新系统和相关文档。为保证系统设计与实施工作有条不紊地进行，一般需设立统管全局的机构，如总体组织。这样，系统的设计与实施可在总体组织的领导和协调下进行。在进行系统设计与实施的过程中，每一阶段均需按总体组织下达的任务书启动和进行，该阶段完成后需通过总体组织的评审，通过评审后，总体组织才能下达下一阶段的任务书。

2. 总体规划

总体规划的任务是根据用户提出的对未来新系统的要求，通过调研和情报分析、需求分析等确定系统的目标及功能，在此基础上制订出系统的总体方案，最后进行技术经济分析并完成可行性论证等。总体规划流程如图2-15所示。

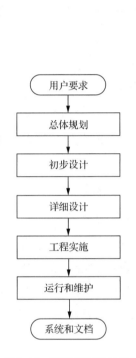

图2-14　制造系统设计过程

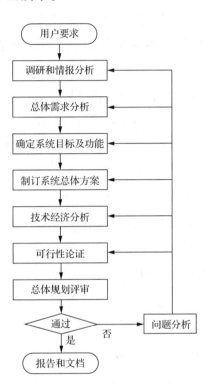

图2-15　总体规划流程

总体规划涉及的主要工作内容如下。

（1）分析用户对新系统提出的要求。

（2）针对总体规划的任务，进行调研和情报分析。

（3）进行总体需求分析。

（4）根据总体需求分析结果，确定系统的目标及功能。

（5）制订系统的总体方案。

（6）对总体方案进行技术经济分析。

（7）完成可行性论证。

（8）进行总体规划评审，若通过，则整理、上报有关报告和文档，结束本阶段工作；若未通过，则进行下一步。

（9）对总体规划阶段存在的问题进行分析，找出产生问题的主要原因，然后反馈给相应层次，对相关内容进行修正，重复有关过程，直至评审通过。

3. 初步设计

初步设计涉及的主要工作内容如下。

（1）对总体组织下达的初步设计任务书进行分析，并进行初步设计准备。

（2）根据初步设计任务的要求，进行调研和情报分析。

（3）在深入理解用户要求，并掌握有关信息和情报的基础上，进行具体的需求分析。

（4）根据需求分析结果，进行系统的总体结构设计。

（5）建立各子系统的功能模型，进行子系统初步设计。

（6）编写初步设计报告和有关文档。

（7）进行初步设计评审，若通过，则整理、上报有关报告和文档，结束本阶段工作；若未通过，则进行下一步。

（8）对初步设计阶段存在的问题进行分析，找出产生问题的主要原因，然后反馈给相应层次，对相关内容进行修正，重复有关过程，直至评审通过。

4. 详细设计

制造系统详细设计的任务是对系统总体规划和初步设计的进一步深化和细化，不但要完成系统内、外接口的详细设计，而且要进行各子系统的结构设计，并完成各子系统的详细设计，最后提交建造新系统的全部技术文档等。详细设计流程如图2-16所示。

详细设计涉及的主要工作内容如下。

（1）根据总体组织下达的详细设计任务书，进行任务分解与协调。

（2）对系统内、外接口进行详细设计。

（3）根据初步设计阶段确定的功能模型，进行子系统结构设计。

（4）根据确定的结构，对子系统进行详细设计。

（5）编写详细设计报告和有关文档。

（6）进行详细设计评审，若通过，则整理、上报有关报告和文档，结束本阶段工作；若未通过，则进行下一步。

（7）对详细设计阶段存在的问题进行分析，找出产生问题的主要原因，然后反馈给相应层次，对相关内容进行修正，重复有关过程，直至评审通过。

5. 工程实施

制造系统工程实施的任务是按照详细设计阶段给出的设计图纸、技术数据、技术要求等建立符合要求的新系统。工程实施流程如图2-17所示。

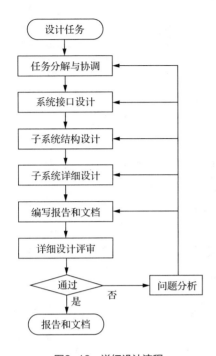

图2-16　详细设计流程

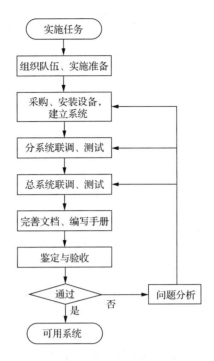

图2-17　工程实施流程

工程实施涉及的主要工作内容如下。

（1）根据总体组织下达的工程实施任务书，组织实施队伍，准备实施。

（2）根据详细设计给出的技术信息，采购、安装有关设备，建立满足设计要求的新系统。

（3）进行分系统联调，并进行有关测试。

（4）进行总系统联调和测试。

（5）完善系统文档，编写有关手册。

（6）进行鉴定与验收，若通过，则提交有关报告和文档，进行系统交接，结束本阶段工作；若未通过，则进行下一步。

（7）对工程实施阶段存在的问题进行分析，找出产生问题的主要原因，然后反馈给相应层次，对相关内容进行修正，重复有关过程，直至验收通过。

6．运行与维护

制造系统运行与维护的任务是对建立的新系统进行实际运行，及时解决运行中出现的问题，并获取系统有关状态信息，对系统的运行效果做出全面评价。运行与维护流程如图2-18所示。

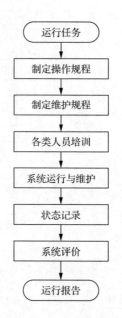

图2-18　运行与维护流程

运行与维护涉及的主要工作内容如下。

（1）根据运行任务的要求，制定有关操作规程和维护规程。

（2）对承担系统运行与维护任务的各类人员进行培训。

（3）将新系统投入实际运行并进行日常维护。

（4）对新系统运行中的有关状态进行记录。

（5）对新系统的运行效果进行评价。

（6）整理并提交系统运行报告。

2.2.5　自动化制造系统分系统设计

1. 加工设备选择

购买一台现代化的加工设备通常需要很大一笔资金，因此合理选择设备被认为是自动化制造系统设计中的一项重要内容。合理选择加工设备，可以使企业在满足使用要求的前提下，减少购买资金以及维护和运行费用，满足加工要求，提高设备的利用率。通常可以按照加工设备选择的内容与原则进行技术可行性分析，也可以进一步把加工设备选择作为一个综合决策问题，通过分析与建模，对其进行多目标优化。

（1）自动化制造系统对加工设备的要求。一般来说，应在以下几个方面对自动化制造系统的加工设备提出基本要求。

①工序集中。工序集中是自动化制造系统中加工设备最重要的特点之一。柔性制造系统是高度自动化的制造系统，价格昂贵，因此要求加工工位的数目应尽量少，并能接

近满负荷运转。此外，工位少可以减轻物流系统的输送负担，还可以更有效地保证零件的加工质量，因此工序集中是最基本的要求之一。

②质量。在选择设备时所涉及的质量是一种广义的质量，它包括所制造的产品满足用户期望值的程度以及满足设备使用者对设备功能的基本要求。纳入柔性制造系统的加工设备应当是可靠的，并能满足加工精度的要求。当然，高质量并不等于性能上的高档次，后者将使投资增加，成本提高。

③生产率。生产率是由自动化制造系统的设计产量、利润和市场等因素决定的。高生产率是设备选择的目标之一。高生产率一般都会使生产成本降低，但有时也会使产品质量下降，甚至使系统的柔性降低。因此，确定合理的生产率指标非常重要。

④柔性。当环境条件发生变化时，如果系统不需要做太多的调整，不需要很长的时间就可以适应这种变化，仍然可以以较低的成本高效率地生产出产品，就说明系统的柔性好。为了使系统具有良好的柔性，通常是要付出代价的。但如果环境条件的变化不频繁，就会造成浪费。相反，柔性差的系统，一旦环境条件变化，就需要投入大量资金和时间来调整或改造系统，也要为此付出很大的代价。因此根据实际情况，制定合适的柔性指标来指导加工设备的选择是十分重要的。

⑤成本。在满足其他要求的前提下，应按成本最低的原则选择设备。在考虑成本问题时，不仅要考虑设备的购置成本，还要综合考虑运行、维护、培训等方面的成本。

⑥易控制性。柔性制造系统中的所有设备都受本身数控系统和整个计算机控制系统的调度和指挥，要能实现动态调度、资源共享、提高效率，就必须在各机床之间建立必要的接口和标准，以便准确、及时地实现数据的通信与交换，使整个系统能协调工作。

（2）选择加工设备的内容和原则。以数控机床为例，加工设备选择的内容和原则主要有以下几个方面：选择加工设备的类型，选择加工设备的规格，选择加工设备的精度，选择数控系统，选择刀具形式、自动换刀装置及机床刀库，选择特殊订货项目等。

2. 工件储运及其管理系统方案设计

自动化制造系统，特别是柔性制造系统的工件储运及其管理系统对制造系统的生产效率、复杂程度、投资大小、系统运行可靠性等影响很大，在设计方案时应进行多方案分析论证。下面讨论其中的几个主要问题。

（1）工件运输系统。

通常工件运输系统主要完成零件在制造系统内部的搬运。零件的毛坯和原材料由外界搬运进入系统并将加工好的成品从系统中搬走，一般需人工完成。在大多数情况下，系统所需的工装（夹具等）也由工件运输系统输送。

自动化制造系统，特别是柔性制造系统，一般采用自动化物流系统。但值得注意的是，近年来允许大量人工介入的简单物流系统应用越来越多，这是因为其投资少、见效快、可靠性也相对较高，在我国现阶段使用比较合适。

（2）自动化仓库。

自动化仓库在自动化制造系统中有着非常重要的地位，以它为中心可组成一个毛坯、半成品、配套件和成品的自动存储和自动检索系统。国内外经验表明，尽管以自动化仓库为中心的物流管理自动化系统耗资较大，但它在实现物料的自动化管理、加速资金周转、减少库房面积、保证生产均衡等方面所带来的效益也是巨大的。因此，在做自动化制造系统规划时，可以根据实际需求和投资规模考虑是否采用自动化仓库。

（3）工件储运管理系统功能。

自动化制造系统的工件储运管理系统的功能主要包括对工件物流系统各部分的控制、对控制信息的处理和对AGV及自动化仓库的管理。作为管理系统，应具备信息存储和处理等方面的功能，如与上层的信息交换，数据库的维护、统计、查询及报表处理等功能。

3. 刀具储运及其管理系统方案设计

刀具储运及其管理系统是自动化制造系统的一个重要组成部分。它完成加工单元所需刀具的自动运输、储存和管理任务。其中刀具的储运系统及其设备组成和功能前文已进行了介绍，此处主要从刀具管理的角度讨论刀具储运及管理系统方案设计。

通过对各种自动化制造系统的分析，人们发现刀具系统的投资和可靠性应是自动化制造系统在规划和设计时应充分考虑的两个因素。在自动化制造系统中，以每台加工中心配备60把刀具计算，如果每把刀具平均有3把备用刀，那么一台加工中心需要180把刀具和相应数量的刀柄，再加上刀具准备和交换等费用，刀具系统方面的投资会非常大。另外，在典型的加工系统中，安装刀具、更换刀具和装夹工件的非生产性时间通常大于实际切削时间。因此，最优管理自动化制造系统中的刀具对提高系统总体效率起着不可忽视的重要作用。

4. 作业计划与调度系统设计

对于复杂的、高柔性的自动化制造系统，生产作业计划与调度技术是系统取得预期经济效益的关键技术之一。通过对物流的合理规划、调度与控制，达到提高生产效率、缩短制造周期、减少在制品、降低库存、提高生产资源利用率的目的，保证生产任务的完成。

自动化制造系统的生产作业计划和调度技术与制造系统的生产类型及生产过程的组织控制形式密切相关。也就是说，不同的生产类型和组织控制形式需要不同结构的管理系统来实现。

2.3 智能制造系统的信息化

2.3.1 信息化制造系统概述

信息是指应用文字、数据或信号等形式通过一定的传递和处理，来表现各种相互联系的客观事物在运动变化中所具有的特征性内容的总称。

信息化是指加快信息高科技发展及其产业化，提高信息技术在经济和社会各领域的应用水平并推动经济和社会发展的过程。"信息化"一词源于1993年美国提出的"信息高速公路计划"。信息化的内容包括信息生产和信息应用两大方面。我国企业信息化的战略是"以信息化带动工业化，以工业化促进信息化"。

信息化制造也称为制造业信息化，是企业信息化的主要内容。那么什么是信息化制造呢？

信息化制造是指在制造企业的生产、经营、管理的各个环节和产品生命周期的全过程，应用先进的计算机、通信、互联网和软件等信息技术和产品，并充分整合、广泛利用企业内外信息资源，提高企业生产、经营和管理水平，增强企业竞争力的过程。

通常来说，信息化制造就是用0和1的数字编码来表示、处理和传输制造企业生产经营的一切信息。企业生产经营的信息，不仅能够用0和1这两个数字编码来表示和处理，而且能够以光信号在光纤中传送，使企业生产经营的信息流实现数字化。信息化制造的目的是把信息变成知识，把知识变成决策，把决策变成利润，从而使制造企业的生产经营能够快速响应市场需求，达到前所未有的高效益。

2.3.2 信息化制造系统构成

1. 企业资源计划系统

企业资源计划系统为企业提供了一个统一的业务管理信息平台，将企业内部以及企业外部供需链上所有的资源与信息进行统一的管理。这种集成能够消除企业内部由于部门分割造成的各种信息隔阂与信息孤岛。

企业资源计划系统是指建立在信息技术基础上，以系统化的管理思想，为企业决策层及员工提供决策运行手段的管理平台。企业资源计划（Enterprise Resource Planning，ERP)的核心管理思想就是实现对整个供应链的有效管理，主要体现在以下3个方面。

（1）对整个供应链资源进行管理的思想。

在知识经济时代，仅靠企业自己的资源已不足以在市场竞争中取得优势地位，还必须把经营过程中的有关各方，如供应商、制造工厂、分销网络、客户等，纳入一个紧密的供应链中，才能有效地安排企业的产、供、销活动，满足企业利用全社会一切市场资源快速高效进行生产经营的需求，以期进一步提高效率和在市场上获得竞争优势。换句话说，现代企业竞争不是单一企业与单一企业间的竞争，而是一个企业供应链与另一个企业供应链之间的竞争。ERP系统实现了对整个企业供应链的管理，满足了企业在知识经济时代市场竞争的需要。

（2）精益生产、并行工程和敏捷制造的思想。

企业资源计划系统支持对混合型生产方式的管理，其管理思想表现在两个方面。

其一是精益生产（Lean Production）思想，它是由美国麻省理工学院提出的一种企业经营战略体系，即企业按大批量生产方式组织生产时，把客户、销售代理商、供应商、协作单位纳入生产体系。企业与其销售代理、客户和供应商的关系，已不再是简单的业务往来关系，而是利益共享的合作伙伴关系。这种合作伙伴关系组成了一个企业的供应链，这即精益生产的核心思想。

其二是敏捷制造（Agile Manufacturing）思想。当市场发生变化，企业遇到特定的市场和产品需求时，企业的基本合作伙伴不一定能满足新产品开发生产的要求，这时，企业会组织一个由特定的供应商和销售渠道组成的短期或一次性供应链，形成"虚拟工厂"，把供应商和协作单位看成企业的一个组成部分，运用"并行工程"（Concurrent Engineering）组织生产，用最短的时间将新产品投入市场，时刻保持产品的高质量、多样化和灵活性，这即敏捷制造的核心思想。

（3）集成管理思想。

如果企业资源计划系统能够将客户关系管理（Customer Relationship Management，CRM）软件、供应链管理（Supply Chain Management，SCM）软件集成起来，那么可构成企业电子商务的完整解决方案。企业资源计划系统将企业业务明确划分为由多个业务节点联结而成的业务流程，通过各个业务节点明晰了各自的权责范围，而各个节点之间的无缝联结，实现了信息的充分共享及业务的流程化运转。

所以我们说，企业实施ERP系统，根本的目的不在于引进一套现代化信息系统，更重要的是运用ERP系统对企业的业务进行重新梳理与优化，实现生产经营的精细化与集约化，带来的好处就是成本的降低、生产周期的缩短、响应客户需求的时间更快，从而为客户提供更好的服务。

2. 产品数据管理系统

产品数据管理（Product Data Management，PDM）系统协助工程师进行数据管理，让企业通过标准程序管理提高整体效率，并使作业程序电子化及标准化。一个理想的产品数据管理系统应包括如下组成要素。

①信息仓库。信息仓库的作用是存储所有有关产品的信息，由信息管理模块加以管理。

②信息管理。从物理存储的角度管理和控制信息仓库的信息。具体任务包括数据访问、存储、调用，维护信息安全性和一致性，控制并发访问、存档和恢复，跟踪对数据进行的所有操作过程。

③基础体系结构。它是一个网络化的计算环境，为用户和应用程序方便地访问信息仓库提供了物质条件。

④接口模块。用户和应用程序通过接口模块访问系统。该模块提供标准化的、可客户化的用户界面，还能支持用户查询、菜单驱动和表格驱动的输入，支持报表生成。它提供了与各种应用程序的接口。

⑤信息结构定义模块。信息管理从物理结构上对信息仓库进行管理，而信息结构定义模块和信息结构管理模块则从逻辑结构上对数据进行管理，因为对同样的物理信息可以从不同的视角定义其逻辑结构，从而表达不同的概念。信息结构定义模块使用户可以自行定义信息的逻辑结构，以满足其特定应用的需求。

⑥信息结构管理模块。信息的逻辑结构定义后不是一成不变的，而是动态变化的。因此，为了维护信息结构内在的一致性、完整性等，需要由信息结构管理模块对其进行维护。

⑦工作流定义模块。其作用是管理过程结构。工作流包括一系列的活动、伴随这些活动的各种信息以及活动的任务。程序和标准也可作为活动的伴随信息。

⑧工作流控制模块。它负责控制工作流的执行，在各种工程过程之间进行协调，并负责管理工程改变的过程以及版本控制等。

⑨系统管理模块。它负责管理整个系统，包括建立和维护系统的配置、指定和修改访问权限等。

产品数据管理系统通常应具有以下功能。

①自动提取图纸、工艺文件的属性数据与产品结构数据。为了在对图纸、工艺、文件进行有效管理的同时满足数据共享系统集成要求，必须建立统一属性数据库，这些属性存在于图纸、工艺和各种文件资料中，因此必须能自动读取这些数据，建立产品属性数据库。

②对通用零部件，通用、典型和标准工艺提供快速检索的功能。为此，对这些通用零部件，通用、典型和标准工艺进行统一的特征编码。

③数字化的图纸、工艺文件和技术资料的管理。应用CAD、CAPP、工装CAD后，图纸、工艺文件和技术资料都成了计算机内部不同格式的数据，因此对这些数字化的图纸、工艺文件和技术资料的发放、存档和阅读必须进行有效的管理。

④接收、储存材料定额、工时定额、工艺路线等系统提供的结构化的数据以及用文

本形式构成的各种文档资料。

⑤对产品图纸、工艺、文件资料提供按产品结构、文件结构的查询，并能进行结构配置。

⑥对产品数据的形成过程进行控制，对产品数据的完整性、规范性进行检验。

⑦对已存入的各种属性数据、产品结构提供各种报表。

⑧对进入PDM的数据进行各种级别的读、写、权限管理。

⑨PDM涉及的领域很广。产品数据管理能给整个企业（包括设计、制造工程、采购、营销和销售等）带来效益。面对不断变化的市场，能及时访问有关产品和生产过程的权威性数据是很关键的，而产品数据管理系统将这种方便带到了管理人员的桌面上，使各授权用户能方便地管理设计过程，控制产品描述数据，并向有关人员（如供应商、客户等）提供具有权威性的信息。产品数据管理系统在充分保证信息安全性的同时具有充分的柔性，能及时将信息传送给世界各地的有关人员。

3. 全生命周期管理系统

产品全生命周期管理（Product Lifecycle Management，PLM）是指管理产品从需求、规划、设计、生产、经销、运行、使用、维修保养、回收再利用的全生命周期中的信息与过程。它既是一门技术，又是一种制造的理念。它支持并行设计、敏捷制造、协同设计和制造、网络化制造等先进的设计制造技术。产品全生命周期系统框架分为数据建模层、技术支持层、领域接口层、应用系统层共4层结构。

产品全生命周期管理是企业信息化的关键技术之一，PLM不仅可以提高市场竞争力，而且可以提高产品的质量和竞争力。产品全生命周期管理系统是一个采用了通用对象请求代理体系结构（Common Object Request Broker Architecture，CORBA）和Web等技术的应用集成平台和一套支持复杂产品异地协同制造的，具有安全、开放、实用、可靠、柔性等功能，实现了集成化、数字化、虚拟化、网络化、智能化的支撑工具集。它拓展了PDM的应用范围，支持整个产品全生命周期的产品协同设计、制造和管理，从概念设计、产品工程设计、生产准备和制造到售后服务等整个过程的产品全生命周期的管理。

产品全生命周期管理系统的主要关键技术有建模、集成数据环境、设计与制造协同、工作流管理技术。

①建模。产品全生命周期建模的目的是建立面向产品全生命周期的、统一的、具有可扩充性的、能表达完整信息的产品模型。该产品模型能随着产品开发进程自动扩张，并从设计模型自动映射为不同目的的模型，如可制造性评价模型、成本估算模型、可装配性模型、可维护性模型等。同时，产品模型应能全面表达和评价与产品全生命周期相关的性能指标。

②集成数据环境。产品全生命周期管理系统能够为用户建立一个集成的数据环境，在虚拟企业环境下，实现数据的一致性管理。

③设计与制造协同。异地设计与制造是指在异地、异时、异构系统、异种平台进行实时动态的设计与制造。它是在企业内部或企业联盟中进行产品全生命周期管理的重要支持手段。在系统中，设计与制造协同更多地表现为一种设计理念和制造指导思想，它的实现需要许多相关技术的支持，体现在产品数据管理、分布式计算、工作流管理以及产品统一建模的实施过程中。

④工作流管理技术。在分布式异构的网络环境中，为提高相互关联任务的执行效率，企业管理提出了"业务流程"（Business Process）的概念，即要实现"业务流程自动化"（Business Process Automation）和"业务流程重组"（Business Process Reengineering）。工作流管理技术可完成这个任务。工作流管理的主要内容是工作任务的整体处理过程和工作组成员之间依照一组已定义的规则及已制定的共同目标所交换的文本文件、各种媒体信息或任务。工作流管理必须具备3个关键要素：流转路径的智能化，即能够根据定义的规则自动选择路径，确保信息的正确流转；提供跟踪与监控信息，即必须能够随时跟踪和监控信息的流转，从而进行必要的操作，如催办、双驱动等，保证信息流转畅通；与应用结合的能力，即具有较强的应用结合能力，才能得到广泛的应用。

2.3.3 制造系统的计划管理系统

现代制造企业大多具有生产经营规模庞大、组织结构复杂、经营目标多元化、决策因素众多、管理功能齐全、环境多变等特点，由此形成了极为复杂的各类制造系统。在此条件下，如何合理地实现系统稳定、优化运行，充分利用人力、物力、财力、设备、能源和信息等各种资源，取得最大的经济效益和社会效益，成为制造系统研究和应用领域的重要课题。

1. 制造系统运行管理控制系统的总体结构

现代制造系统的运行管理是非常复杂的，为便于实施，一般将整个系统的运行管理任务分解为若干层次的子任务，通过递阶控制方式予以实现。根据此思路构建的制造系统运行管理控制系统的总体结构如图2-19所示。由图可知，制造系统运行管理控制功能由以下几个层面的子控制系统来实现。

①战略层控制。战略层控制的主要任务是从全局对制造系统的运行进行决策和规划。因此，该层控制十分重要，它对制造系统而言可谓"牵一发而动全身""一着不慎，全盘皆输"。

②战术层控制。战术层控制的任务是对战略层控制任务进行细化，生成可行的具体实施计划，并监督其实施。该层控制的内容主要包括物料需求计划、能力需求计划、生

产作业计划、外协与采购计划等。

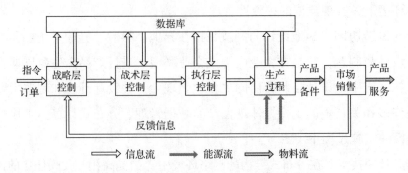

图2-19 制造系统运行管理控制系统的总体结构

③执行层控制。执行层控制的任务是实施战术层制订的计划，通过对制造过程中车间层及车间以下各层物料流的合理计划、调度和控制，提高系统的生产率。主要内容包括计划分解、作业排序、动态调度、过程控制等。其中，过程控制又可进一步分解为加工控制、物流控制、质量控制、刀具控制、状态监控、成本控制、库存控制、采购控制等子控制任务。

④生产过程和市场销售。生产过程和市场销售是管理控制系统的控制对象，是最终实现制造系统生产与经营目标的环节。生产过程包括加工、装配、检验、物料储运等过程；市场销售包括市场开拓、产品销售、售前售后服务等环节。

由上文可知，制造系统的运行管理是通过制订计划和根据计划对制造系统运行过程进行有效控制来实现的。制造系统的运行管理是分层次的，因此各种计划也是分层次的。而且这些职能计划不是孤立的，而是相互联系的。随着管理层次的降低，计划的成分在减弱，控制的成分在增强。在执行层中更强调控制。制订计划、执行计划及对计划执行过程的控制是一个不断改善的过程，其终极目标是盈利。在社会主义市场经济体制下，制造系统内部的活动，包括各种计划与控制，都是受外部环境强烈影响的，是动态的、连续时变的过程。因此，在处理制造系统管理与控制问题时，必须十分重视市场与环境的动态多变性和供应与需求的高度随机性。

2. 产品制造的主生产计划

主生产计划属于战略层计划，它是制造系统运行管理体系中的关键环节。主生产计划与其他制造活动的关系如图2-20所示。

向上，主生产计划的制订受综合生产计划的约束，将综合生产计划进一步细化，用以协调生产需求与可用资源；向下，主生产计划将直接影响随后的物料需求计划制订的准确度和执行的效果。因此，它起着承上启下、从宏观计划向微观计划过渡的作用。从短期上讲，主生产计划是制订物料需求计划、能力需求计划、生产作业计划、对外采购计划的依据。从长期上讲，主生产计划是估算企业生产能力和资源需求的依据。

综合生产计划的计划对象为产品群，主生产计划则是对综合生产计划的具体化，其计划的对象是以具体产品为主的基于独立需求的最终产品。但主生产计划所确定的生产总量必须等于综合生产计划确定的生产总量。如果综合生产计划所确定的总量不是用产品件数，而是用产值或工时数表示，那么主生产计划也必须转换成相应的单位。

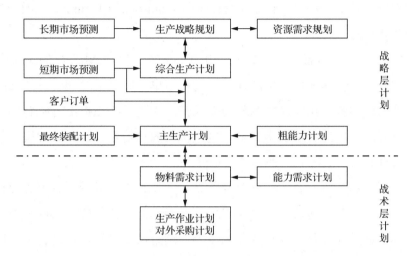

图2-20 主生产计划与其他制造活动的关系

主生产计划的作用是确定每一具体最终产品在每一具体时间段的生产数量，即主生产计划描述了在可用资源条件下，制造系统在一定时间内生产什么产品、生产多少、什么时间生产的问题。这里的最终产品主要指对于企业来说最终完成、要出厂的产成品，可以是直接用于消费的消费品，也可以是供其他企业使用的部件或配件。

主生产计划制订后，要检验它是否可行，就要对制造系统的资源能力进行评估，包括设备能力、人员能力、库存能力、流动资金总量等。其中最重要的是要编制出能力计划，就是对生产过程中的关键工作中心进行能力和负荷的平衡和分析，以确定关键工作中心的数量和关键工作中心是否满足需求。在制订主生产计划时，要根据产品的轻重缓急来分配资源，将关键资源用于关键产品。

将实际可用的能力和计划需求能力比较之后，就可以得出目前的生产能力是否满足需求的结论。如果出现实际能力和需求能力（负荷）不匹配时，就要对能力和主生产计划进行调整和平衡。可以通过修改主生产计划，如取消部分订单、延迟部分订单或将部分订单外包出去等方法予以实现。如果同意主生产计划，那么利用它来继续生成后续的物料需求计划。

3. 物料需求计划

产品的主生产计划一旦确定，就需进一步解决零部件的生产问题。这需要通过战术层的管理与控制来实现。对于离散制造系统，在战术层管理与控制中将面临如下问题：

现代离散型产品的结构往往比较复杂，其组成零部件繁多，各零部件生产间的提前期差异大，由此造成物料流非常复杂，如果管理控制不当，到了总装阶段，即使差一个零件也无法保证整个产品生产任务的最终完成。因此，如何实现零部件协调生产，做到在需要的时候提供需要的数量，对于保证战略层计划的最优完成具有重要意义。解决这个问题已有多种方法，其中物料需求计划（Material Requirement Planning，MRP）的理论与方法是一种最基本的方法。

"物料需求计划"的概念是1970年在美国生产与库存控制协会的一次会议上被提出的。物料需求计划就是根据主生产计划、物料清单、库存记录和已订未交的订单等资料，经过计算而得到各种相关需求物料的需求情况，同时补充提出各种新订单的建议以及修正各种已开出订单的一种实用技术。这里所谓的物料是一个广义的概念，不仅指原材料，还包括自制品、半成品、外购件、备件等。

MRP的实现过程如下：首先根据产品的结构关系，将产品逐层分解为部件、零件直至原材料，并根据企业实际情况和供应市场情况确定需要自制的零部件和外购的零部件及原材料；其次通过计算各类物料的详细需求，制订出物料需求计划；最后以此为依据产生战术层的生产控制指令——对内下达生产任务，对外发放采购订单。

实践表明，在制造系统的战术层管理与控制中采用物料需求计划具有以下优点。

（1）物料需求计划将企业的各职能部门，包括决策、计划、生产、供应、销售和财务等有机地整合在一起，在一个系统内进行统一协调的计划和监控，实现企业运行的整体优化。

（2）物料需求计划集中管理和维护企业数据，各信息子系统在统一的集成平台和数据环境下工作，使各职能部门的信息达到最大限度的集成，从而有效提高信息处理的效率和可靠性。

（3）物料需求计划为企业高层管理人员进行决策提供有效的手段和依据。

物料需求计划的优点最终将使企业的运行效率提高、库存显著减少、生产成本降低，对市场动态变化的响应速度加快，竞争能力增强。

物料需求计划的优点使它在世界各国的制造企业中得到了大力推广，成为改变企业管理的有力工具。但在其实施过程中也存在以下不足。

（1）没有考虑能力约束，往往使最优的计划难以实施。例如，如果制订的计划未考虑生产线的能力，执行时经常会因实际生产能力的限制而使现场生产情况偏离预定计划。又如，采购计划可能受供货能力或运输能力的限制而无法保证物料的及时供应，从而影响装配车间的生产进度，使产品无法按时出厂。因此，这种不考虑实际能力而做出的物料需求计划往往难以保证实际生产达到预计的最优化。

（2）没有考虑资金的运作，易使采购计划等由于资金的短缺而无法按时完成，最终影响整个生产计划的执行。因为企业的流动资金是有限的，为提高资金的使用效率必须使其动态流动。显然，如果制订计划时没有详细考虑资金流动的状态，那么往往会造成急需资金的时候却由于资金被其他环节占用，使预定的采购计划等因资金的短缺而无法按时完成，从而最终影响整个生产计划的完成。

4. 制造资源计划

为解决MRP存在的问题，人们发展了闭环MRP方法。在此基础上，1977年9月美国奥利弗·怀特提出了第二代制造资源计划（Manufacturing Resource Planning，MRPⅡ）。MRPⅡ系统是一个既考虑能力又考虑资金约束的闭环系统。MRPⅡ系统的基本结构如图2-21所示。

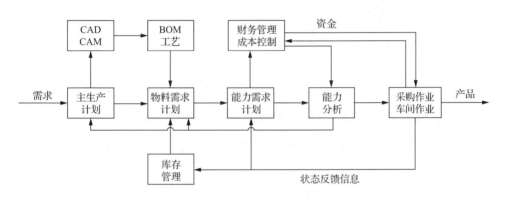

图2-21　MRPⅡ系统的基本结构

MRPⅡ系统的主要运行过程为：首先由物料需求计划模块根据主生产计划模块下达的指令，产生初始的物料需求计划。其次由能力需求计划模块根据生产现场、供应环境等的实际状态进行能力需求分析，产生包括能力约束的生产计划和采购计划。最后由能力分析模块对生产计划和采购计划进行分析，若满足要求则将其作为最终计划，分别送生产车间和采购部门执行；若经过能力分析不满足要求，则生成相应的反馈信息反馈给物料需求计划模块和主生产计划模块，以对相应计划进行适当调整。对于小范围的问题一般可先由物料需求计划模块对初始物料需求计划进行适当调整，再通过上述过程处理，直至产生出满足要求的最终计划。如果出现的问题较大，物料需求计划模块难以解决，那么需进一步通过主生产计划模块对原先生成的主生产计划进行适当调整，然后予以实施。

5. 企业资源计划

随着市场竞争的日益激烈，制造系统管理与控制面临新的挑战，具体可分为以下几个方面：要求对企业的整体资源进行管理，而不仅仅对制造资源进行管理；企业规模扩大，要求多集团、多工厂统一部署、协同作战，需解决既要独立又要统一的资源共享问题；要求加强信息管理，实现信息共享。

MRPⅡ难以满足上述要求，由此促进了新的管理方法——企业资源计划（ERP）的诞生。该方法由美国Gartner集团公司于20世纪90年代提出。ERP的基本思想是对企业中的所有资源（物料流、资金流、信息流等）进行全面集成管理，主线是计划，重心是财务，涉及企业所有供应链。为此可用图2-22对ERP的基本思想进行概括性表示。

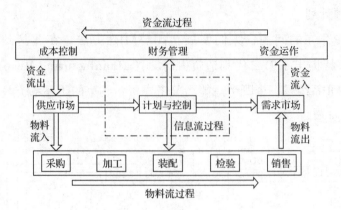

图2-22　ERP的基本思想

ERP系统的结构是复杂的，并且还在继续发展。图2-23所示为ERP系统的基本结构，从中可以了解ERP系统的基本组成以及各组成环节间的相互关系。

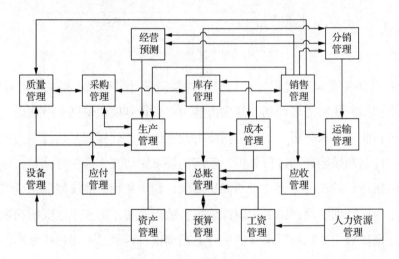

图2-23　ERP系统的基本结构

2.3.4　制造系统的调度控制系统

1. 概述

调度控制属于制造系统执行层的管理控制，其根本任务是完成战术层下达的生产作业计划。计划是一种理想，属于静态的范畴；调度则是对理想的实施，具有动态的含义。在离散生产环境下，制造系统中零部件繁多、物流复杂、现场状况瞬息万变，因此，没有好的调度，再优的生产计划也难以产生好的生产效益。由此可见，调度控制在现代制造系统的管理控制中具有非常重要的地位。制造系统的调度控制问题是指如何控制工件的投放和在系统中的流动以及资源的使用，以便更好地完成给定的生产作业计划。调度控制问题可分解为若干子问题，子问题的多少取决于制造系统底层制造过程的类型和具体结构。对于FMS、CIMS等自动化程度较高的制造系统，调度控制子问题一般包括以下几类：工件投放控制、工作站输入控制、工件流动路径控制、刀具调度控制、程序与数据的调度控制、运输调度控制。

解决调度控制问题的方法和系统可分为两大类，即静态调度和动态调度。动态调度是指调度控制系统能对外部输入信息、制造过程状态和系统环境的动态变化做出实时响应的调度控制方法和系统。如果达不到此要求，就只能称为静态调度。

目前虽然还难以对制造系统的调度控制问题，特别是动态调度控制问题全面求出最优解，但经过大量学术研究和生产实践，已经找到一些在某些特殊情况下求出最优解的方法。此外，对于一般性的调度控制问题，也找到了许多求其可行解的方法。其中，具有代表性的有以下几种：基于排序理论的调度方法，如流水排序调度方法、非流水排序调度方法等；基于规则的调度方法，如启发式规则调度方法、规则动态切换调度方法等；基于仿真的调度方法等。

2. 调度方法

（1）流水排序调度方法。

在某些情况下，通过采用成组技术等方法对被加工工件（作业）进行分批处理，可使每一批中的工件具有相同或相似的工艺路线。此时，由于每个工件均需以相同的顺序通过制造系统中的设备进行加工，因此其调度问题可归结为流水排序调度问题，可通过流水排序方法予以解决。

所谓流水排序，其问题可描述为：设有 n 个工件和 m 台设备，每个工件均需按相同的顺序通过 m 台设备进行加工。要求以某种性能指标最优（如制造总工期最短等）为目标，求出 n 个工件进入系统的顺序。

基于流水排序的调度方法（简称流水排序调度方法）是一种静态调度方法，其实施过程是先通过作业排序得到调度表，然后按调度表控制生产过程的运行。若生产过程中出现异常情况（如工件的实际加工时间与计划加工时间相差太大，造成设备负荷不均匀、工件等待队列过长等），则需重新排序，再按新排出的调度表继续控制生产过程的运行。实现流水排序调度的关键是流水排序算法。目前在该领域的研究已取得较大进展，研究出多种类型的排序算法，概括起来可分为以下几类：单机排序算法、两机排序算法、三机排序算法和m机排序算法。

（2）非流水排序调度方法。

非流水排序调度方法的基本原理与流水排序调度方法相同，也是先通过作业排序得到调度表，然后按调度表控制生产过程的运行，若运行过程中出现异常情况，则需重新排序，再按新排出的调度表继续控制生产过程的运行。因此，实现非流水排序调度的关键是求解非流水排序问题。非流水排序问题可描述为：给定n个工件，每个工件以不同的顺序和时间通过m台机器进行加工。要求以某种性能指标最优（如制造总工期最短等）为目标，求出这些工件在m台机器上的最优加工顺序。非流水排序问题的求解比流水排序的难度大，到目前为止还没有找到一种普遍适用的最优化求解方法。

（3）基于规则的调度方法。

针对特定的制造系统设计或选用一定的调度规则。在系统运行时，调度控制器根据这些规则和制造过程的某些易于计算的参数确定下一步的操作。

实现基于规则的调度方法的前提是必须有适用的规则，由此推动了对调度规则的研究。目前研究出的调度规则已达100多种。这些规则概括起来可分为4类，即简单优先规则、组合优先规则、加权优先规则和启发式规则。

基于规则的调度方法的优点是计算量小、实时性好、易于实施。缺点是该方法不是一种全局最优化方法。一种规则只适应特定的局部环境，没有一种规则在任何系统环境下的各种性能上都优于其他规则。因此，基于规则的调度方法难以适用于更广泛的系统环境，更难以适用于动态变化的系统环境。

（4）基于仿真的调度方法。

基于仿真的调度方法（简称仿真调度方法）的基本原理如图2-24所示。

图2-24中，计算机仿真系统的作用是用离散事件仿真模型模拟实际的制造系统，从而使制造系统的运行过程用仿真模型在计算机中的运行过程进行描述。在调度控制器对制造系统发出实际控制前，先将多种控制方案在仿真

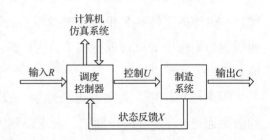

图2-24　基于仿真的调度方法的基本原理

模型上进行仿真，分析控制作用的效果，并从多种可选择的控制方案中选择出最佳控制方案；然后以这种最佳控制方案实施对制造系统的控制。基于仿真的调度方法实质上是一种以仿真作为制造系统控制决策的决策支持系统，辅助调度控制器进行决策优化，实现制造系统优化控制的方法。

基于仿真的调度控制系统的运行过程为：当调度控制器接收到来自上级的输入信

息和来自生产现场的状态反馈信息后，通过初始决策确定若干候选调度方案，然后将各方案送往计算机仿真系统进行仿真，最后由调度控制器对仿真结果进行分析，做出方案选择决策，并据此生成调度控制指令来控制制造系统运行。在理论方法还不成熟的情况下，用仿真技术来解决制造系统调度与控制问题的方法得到了广泛的应用。

2.4　典型案例

【案例1　娃哈哈：以智能制造领跑饮料行业】

杭州娃哈哈集团有限公司（以下简称娃哈哈）作为我国食品饮料行业的典型代表，具备较强的饮料产品研发能力，同时具备一定的智能化设备设计与制造能力。其率先建立的食品饮料行业的智能生产试点，除能有效提高生产线的产能、工作效率、产品品质外，对行业也具有典型的示范带动作用。

食品饮料流程制造智能化工厂项目是娃哈哈针对食品饮料行业特点，结合娃哈哈全国性集团化管理的特点，通过信息技术与制造技术深度融合来实现传统食品饮料制造业的智能化转型。该项目以企业运营数字化为核心，结合"互联网+"的理念，采用网络技术、信息技术、现代化的传感控制技术，通过对整个集团进行信息系统建设、工厂智能化监控建设和数字化工厂建设，将食品饮料研发、制造、销售从传统模式向数字化、智能化、网络化升级，实现内部高效精细管理、优化外部供应链的协同，推动整个产业链向数字化、智能化、绿色化发展，提升食品安全全程保障体系。

（1）企业"大数据"的信息化建设。

经过多年实践探索和自主研发，结合娃哈哈全国性集团化管理的特点，通过信息技术与制造技术深度融合来实现从传感器到ERP系统的全过程信息集成。

娃哈哈ERP系统整体架构是以SAP为核心，采用互联网、大数据等技术，从产、供、销等业务线着手，结合商业智慧等分析手段建立的综合化企业信息管理系统，如图2-25所示。娃哈哈ERP系统的目标是对公司的物料资源、资金资源、信息资源进行集中式的管控和优化。

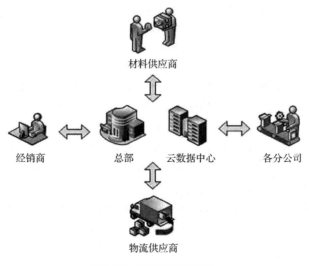

图2-25　娃哈哈ERP系统

以订单生命周期管理为核心，从经销商通过互联网下单，到系统根据大数据分析并匹配最佳工厂进行订单生产，与工厂MES相集成实现智能化生产，并通过产品物流运输的互联网应用，实现了通过ERP系统对订单整个生命周期的全过程数字化管理。

（2）工厂和车间的智能化监控系统建设。

饮料智能工厂通过MES获取订单后，会根据原材料库存、生产线状态等因素分析并自动分配生产任务到生产线进行制造，并根据产品的生产周期计算出库发货时间。MES工作流程如图2-26所示。

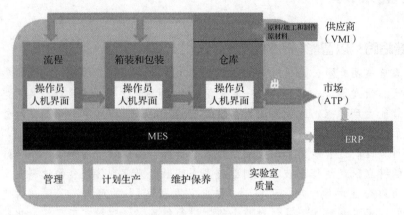

图2-26　MES工作流程

通过现代传感与自动化技术，对全国各工厂的每个车间及设备进行数字化升级，基于生产线数据系统构架，进行实时的数据采集、状态监控与分析。

采用"集团—分公司—车间"二级三层的构架，即集团公司对分公司工厂进行智能监控，分公司对车间设备进行智能监控管理。实现从车间生产线传感器到ERP的深度数字化，使每个管理层随时掌握生产线运行状态及各种设备参数运行情况。

（3）智能化、数字化样板工厂建设。

为了进一步地深度数字化，建立一个高度自动化、数字化的样板工厂，在规划阶段就进行高度自动化和数字化的设计，并通过MES的各种模块的扩展（生产管理模块、设备管理模块、质量管理模块等），打造高度自动化、智能化的"数字工厂"。

工厂生产管理：ERP系统分配订单到工厂，工厂MES根据生产线状态分析进行组合生产，并精确计算原材料，批处理设备配置和参数。

在线质量管理：根据生产线设备各运行参数的采集、监控、分析、自动优化调整和报告，构建产品在线质量监控体系，将即刻的在线检测和实验室仪器集成的质量控制，使用计算机支持的连贯跟踪来实现取样的详细计划，高效及持续的产品追踪安全性和生产质量，实现从原材料供应到产品销售再到客户的全程食品安全管控体系。

在线设备管理：包括各种生产线数据的自动采集和分析，停机时间和故障判别等，通过选择参数来表示趋势，计算生产线效率。由MES对维护人员进行标准指导，并对保养和维护工作进行最优化组织，可使操作员快速访问设备手册和标准的工作指导。

娃哈哈饮料智能制造包括集团公司运营层面信息化及网络化建设，以及全国各生产工厂的自动化智能化建设，实现了从传感器等现场智能元件到ERP系统的全过程深度融合，其构建的产品在线质量监控体系，实现了从原材料供应到产品销售再到客户的全程食品安全管控体系。

【案例2　南通中远海运川崎：打造智能制造新引擎】

南通中远海运川崎船舶工程有限公司（以下简称南通中远海运川崎）的船舶制造智能车间建设实现了各加工系列的智能制造，达到工装自动化、工艺流水化、控制智能化、管理精益化，保障了产品质量的稳定，缩短了加工周期，极大地提高了生产效率，产品质量和建造效率达到了世界先进水平。

作为我国第一家中外合资造船企业，南通中远海运川崎紧跟国家宏观政策步伐，前瞻性地完成了散货船、集装箱船、游轮三大主流船型及汽车滚装船、多用途船等产品的开发与升级换代，并在相关技术方面领跑我国造船业，走在世界先进行列。

2007年，南通中远海运川崎大规模利用信息技术改造传统设计建造手段，升级改造计算机集成制造系统功能，进一步扩大信息系统的应用范围，提升信息系统集成度，加大数字化制造装备的使用规模，实现了以信息化和工业化深度融合为标志的数字化造船。经过几年的开发、创新和实践，建立了完善的计算机集成制造系统，将贯穿船舶产品生命周期的CAD、CAPP、CAM、ERP等应用高度集成，在研发、设计、采购、制造、财务、管理等流程中实现信息化和数据共享，并由此获得"江苏省两化融合示范企业"称号。

2012年，南通中远海运川崎确立了将智能造船作为转型升级的主攻方向和实现造船强厂的主要途径，4条机器人生产线相继投产。通过不断攻关，初步建立了以数字化、模型化、自动化、可视化、集成化为特征的智能化造船和生产管理体系，真正实现了研发、设计、生产、管理等环节全面融合、协同运行，具有示范作用的船舶制造智能车间初具规模。

1．通信网络系统覆盖全厂

作为船舶制造智能车间的基础设施建设，南通中远海运川崎建立了覆盖全厂的计算机网络系统，通过光纤连接到各生产车间，并借助计算机网络，实现物理制造空间和信息空间的无缝对接和映射，为精细化和智能化管控提供基础。

技术研发部门通过CAD、CAPP、CAM、虚拟仿真等技术的运用，来实现产品研发设计的数字化。利用生产运行数据和设计数据，将现场作业、运营、管理等固化成各类工艺、业务模型和规则，根据实际需求选择适用的模型来适应各种生产管理活动的具体需要。

同时，南通中远海运川崎还利用数字专线连接大连中远海运川崎船舶工程有限公司，实现两家船厂异地协同、设计、采购、经营等信息共享。

2．智能制造系统领先一步

南通中远海运川崎在船舶智能化制造方面，开创了国内先河。高度自动化的流水作业生产线加上柔性化的船舶生产工艺流程，实现了船舶制造的自动化操作和流水线作业。

（1）型钢自动化生产线。

型钢是船体常用部件之一，原先的生产方式从画线、写字到切割、分料完全采用手工作业，效率低，周期长，劳动强度大，且难免出现误操作。型钢自动化生产线建成后，实现了从进料→切割→自动分拣→成材分类叠放全过程的智能制造，包括物料信息传输和物料切割智能化以及物料分类感知智能化，配员由原来的20人减少为7人，有效减少了人工成本，缩短了生产周期，降低了劳动强度，为后续扩大机器人应用规模积累了经验。

（2）条材机器人生产线。

条材是分段制造的主要器材之一，它的特点是数量多，大部分条材比较短小。原来的生产方式，包括画线、写字、开条、端部切割、打磨、分料等全是手工作业，效率低，生产周期长，容易出错。条材机器人生产线的投产，实现了信息传输和物料传输感知智能化以及加工智能化，配员由原来的22人减少为8人，提高了生产效率，缩短了生产周期，降低了劳动强度。

（3）先行小组立机器人生产线。

尽管在造船中实现厚板电弧焊接机器人作业困难很多，但南通中远海运川崎还是从最简单的先行小组开始，推进机器人焊接。传统的制造方式是钢板在定盘上全面铺开，一块一块地装配、焊接、翻身、背烧，不仅占用面积大，而且制造周期长，效率低。先行小组立机器人生产线投产后，实现了工件传输和焊接智能化，以及自动背烧、自动工件出料。整条生产线仅配一名员工操作，配员减少一半以上。

流水线生产方式是工业化大生产的必然要求。对造船业而言，车间内生产作业的流水线将是今后实施船舶智能制造的一个重要发展方向。目前南通中远海运川崎已实施了大舱肋骨生产线、Y龙筋生产线、焊接装置等数个半自动化生产线技改项目，并取得了良好的效果。

（4）智能物流系统。

南通中远海运川崎采用"横向到边、纵向到底"的设计原则，建立了功能完善的智能物流系统，并与设计系统高度集成，从而将企业的人力、资金、信息、物料、设备、时间、方法等各方面资源进行充分调配和平衡，为企业加强财务管理、提高资金运营水平、减少库存、提高生产效率、降低成本等提供强有力的支撑。

南通中远海运川崎的智能造船模式使设计、制造、加工、管理信息等一体化，贯穿了零件设计信息、工艺信息、工装信息、材料配套信息、加工信息和装配信息的信息生成和传输全过程，并且在采购申请单、物料清单、托盘清单等业务方面全面实现了无纸化。据了解，南通中远海运川崎在未来发展中还将继续扩大工业机器人的应用。

2.5　拓展阅读

一、未来制造系统的发展趋势——全球化和敏捷化

1. 全球化

近年来，国际化经营不仅成为大公司而且已是中小企业取得成功的重要因素。全球化制造业发展的动力来自两个因素的相互作用。①国际和国内市场上的竞争越来越激烈。例如在机械制造业中，国内外已有不少企业在这种激烈的竞争中纷纷落败，有的倒闭，有的被兼并。不少暂时还在国内市场上占有份额的企业，不得不扩展新的市场。②网络通信技术的快速发展推动了企业向既竞争又合作的方向发展。这种发展进一步激化了国际市场的竞争。

制造全球化的内容非常广泛，主要包括：①市场的国际化，产品销售的全球网络正在形成；②产品设计和开发的国际合作；③产品制造的跨国化；④制造企业在世界范围内的重组与集成，如动态联盟公司；⑤制造资源跨地区、跨国家的协调、共享和优化作用；⑥全球制造的体系结构将要形成。

今天，无论是产品设计、制造、装配，还是物料供应，都可以在全球范围内进行。

例如，波音公司的777客机在美国进行概念设计，在日本进行部件设计，而零件设计则在新加坡完成。在相互连接的网络上，建立可24 h工作的协调设计队伍，大大加快了设计进度。又如，全球化的供应链可以使产品总装工厂及时获得所需要的零部件，从而减少库存，降低成本，提高质量。

2. 敏捷化

当今世界制造业市场的激烈竞争在很大程度上是以时间为核心的市场竞争，不是"大"吃"小"，而是"快"吃"慢"。制造业不仅要满足用户对产品多样化的需求，而且要及时地满足用户对产品时效性的需求，敏捷化已成为当今制造理念的核心之一。敏捷制造是制造业的一种新战略和新模式，当前全球范围内对敏捷制造的研究十分活跃。敏捷制造是对全球级和企业级制造系统而言的。制造环境和制造过程的敏捷性问题是敏捷制造的重要组成部分。敏捷化是制造环境和制造过程面向未来制造活动的必然趋势。

制造环境和制造过程的敏捷化包括的主要内容为：①柔性。包括机器柔性、工艺柔性、运行柔性和扩展柔性等。②重构能力。能实现快速重组、重构，提高对新产品开发的快速响应能力。③快速化的集成制造工艺。如快速成型制造是一种CAD/CAM的集成工艺。④支持快速响应市场变化的信息技术。例如供应链管理系统，促进企业供应链反应敏捷、运行高效，因为企业间的竞争将变成企业供应链间的竞争；又如客户关系管理系统，使企业为客户提供更好的服务，对客户的需求做出更快的响应。

二、未来制造系统的发展趋势——柔性化、集成化和智能化

1. 柔性化

柔性化是制造企业对市场多样化需求和外界环境变化的快速动态响应能力，即制造系统快速、经济地生产出多样化新产品的能力。

柔性化问题涉及制造系统的所有层次。底层加工系统的柔性化问题，在20世纪50年代NC机床诞生后，出现从刚性自动化向柔性自动化的转变，而且发展极快。CNC系统已发展到第六代，加工中心、柔性制造系统的发展也已比较成熟。CAD、CAPP、CAM直至虚拟制造等技术的发展，为底层加工的上一级技术层次的柔性化问题找到了解决方法。业务流程重组（Business Process Reengineering，BPR）、可重构制造系统（Reconfigurable Manufacturing System，RMS）等新技术和新模式的出现为实现制造系统的柔性化提供了条件。

柔性化还为大量定制生产模式提供了基础。大量定制生产是根据每个用户的特殊需求以大量生产提供定制产品的一种生产模式。它实现了用户的个性化和大量生产的有

机结合。大量定制生产模式有可能催生下一次的制造革命，如同20世纪初的大量生产方式，将对制造业产生巨大变革。大量定制生产模式的关键是实现产品标准化和制造柔性化之间的平衡。

2. 集成化

先进制造系统正向着集成化的深度和广度方向发展。目前，制造系统已从企业内部的信息集成和功能集成发展到实现产品全生命周期的过程集成，并正在步入动态的企业集成。

（1）实现集成的基本形式。①单元技术与单元技术的集成。它是指将可利用的各种单元技术（包括传统技术和高新技术），创造性地集成应用于产品、工艺和服务上，从而创造新产品、新市场。②设计技术与过程技术的集成。应用信息技术将先进设计技术与过程技术加以集成，即将制造业的"做什么"和"怎么做"两大本质问题加以集成，这是改变传统制造过程中的串联工作方式造成返工和周期冗长等问题的最佳解决办法。而信息技术、虚拟技术和快速成型技术为实施产品设计技术和工艺过程技术的集成创新创造了前所未有的理想工具。③单元技术与系统技术的集成。机器人加工工作站及FMS使产品的加工、检测、物流、装配过程走向一体化，大型成套设备就是将众多的单机、配套产品，通过系统设计，集成为实现某一整体目标的大系统。例如，火力发电机组就是由锅炉、汽轮机、发电机、励磁机以及配套产品上的大量先进单元技术和测量、控制、整体优化等系统技术综合集成的产物。④制造技术与制造模式的集成。AMS是制造技术与制造模式集成的产物。近几年来，许多企业将技术与管理相集成，放弃了"大而全""小而全"的企业组织结构，集中发展自身最具竞争力的核心业务，重点抓好设计、总装试验及销售，非核心业务和零部件供应则充分利用社会优势资源，这也带来了生产和经营方式的改变。CIMS、NM、AM、ERP等都是企业制造技术与制造模式的集成。

（2）促使技术资源集成的因素。①为满足市场需求，企业必须快速响应那些具有很高期望和多种选择的顾客；②快速响应环境要求在组织的各个层次上进行高效的通信，特别是与顾客、供应者和合作者的通信；③新技术的快速吸收要求整个企业具有快速的学习能力；④频繁的生产要素重构要求企业采用系统方法；⑤成功企业要求工人具有自我激励精神和在制造与经营过程中的主人翁意识。

（3）企业之间的集成度问题。企业之间的集成涵盖动态联盟企业和企业内上下游各个环节，集成后的企业要用动力学系统的观点和方法来建模和表述，充分发挥各部分的潜力以期达到整体的优化。企业之间集成是多维的，在企业集成空间中，集成点距原点愈远，则集成企业的复杂程度愈高，达到企业整体优化所需管理水平也愈高。所以企业集成度要和企业人员素质、管理水平、技术水平和效益状况相适应，集成度要适当，要效益驱动，逐步实施。

3. 智能化

智能化是制造系统在柔性化和集成化基础上的延伸。近年来，制造系统正由原先的能量驱动型转变为信息驱动型，这要求制造系统不但应具备柔性，而且要表现出某种智能，以便应对大量复杂信息的处理、瞬息万变的市场需求和激烈竞争的复杂环境。现今信息化时代正走向未来智能化时代，因此，智能化是制造系统发展的前景。

由于日本、美国、欧盟都将智能制造视为21世纪的制造技术和尖端科学，并认为是国际制造业科技竞争的制高点，且有着重大利益，因此他们在该领域的科技协作频繁，参与研究计划的各国制造业力量庞大，大有主宰未来制造业的趋势。

智能制造将是21世纪制造业赖以行进的基本轨道。可以说IMS是集自动化、集成化和智能化于一身，并具有不断向纵深发展的高技术含量和高技术水平的先进制造系统。尽管道路漫长，但是智能制造必将成为未来制造业的主要制造系统之一，潜力极大，前景广阔。

三、未来制造系统的发展趋势——绿色化

1. 绿色化是未来制造系统的生存战略

绿色是清洁和节约的意思。绿色化是指实现产品生命周期的绿色要求。绿色化制造主要包括绿色产品、生态化设计、清洁化生产和循环再制造等。具体表现在：①绿色产品要符合国际质量标准和国际环保标准；②生态化设计技术使产品在生命周期符合环保、人类健康、能耗低、资源利用率高的要求；③清洁化生产技术保证整个生产过程对环境的负面影响最小，废弃物和有害物质的排放最小，资源利用效率最高；④循环再制造要考虑产品的回收和循环再制造等。

2. 绿色化是未来制造模式的必备特征

绿色化制造是人类社会可持续发展战略在制造业中的体现。制造业量大、面广，是当前消耗资源的主要产业，也是环境污染的主要源头。制造业产品从构思开始，到设计、制造、销售、使用与维修，直至回收、再制造等各阶段，都必须充分顾及环境保护与改善。不仅要保护与改善自然环境，还要保护与改善社会环境、生产环境以及生产者的身心健康。在此前提下，制造出价廉、物美、供货期短、售后服务好的产品。作为绿色制造，产品必须力求与用户的工作、生活环境相适应，给人以高尚的精神享受，体现物质文明与精神文明的高度交融。因此，发展与采用一项新技术时，必须树立科学发展观，使绿色制造模式成为制造业的基本模式。

3. 绿色化是未来制造技术的发展方向

绿色制造技术主要包括生态化设计技术、清洁化生产技术和再制造技术。目前的清洁化生产技术有以下几个方面：①精密成型制造技术；②无切削液加工；③快速成型制造（Rapid Prototyping Manufacturing，RPM）技术。这些技术不仅可减少原材料和能源消耗、缩短开发周期、减少成本，而且可对环境起到保护作用。所以这些技术都可被归为绿色制造技术。绿色制造的实现除了依靠过程创新，还要依靠产品创新和管理创新等。

讨论与交流

你了解"中国制造""中国智造""中国创造"吗，三者之间有什么联系？

本章小结

本章主要介绍了智能制造系统的相关内容。首先介绍了智能制造系统的定义、架构、特点等，给出了智能制造系统的典型特征；其次介绍了智能制造系统的自动化和信息化；最后通过案例，让读者更加深入地理解智能制造系统。

思考与练习

1. 名词解释

（1）智能制造系统　　　　　　　　（2）自动化制造系统

（3）自组织能力　　　　　　　　　（4）信息化制造

（5）主生产计划　　　　　　　　　（6）物料需求计划

（7）流水排序调度　　　　　　　　（8）企业资源计划

2. 填空题

（1）我国企业信息化的战略是"以_____带动_____，以工业化促进信息化"。

（2）_____也称为制造业信息化，是企业信息化的主要内容。

（3）刀具储运及其管理系统完成_____所需刀具的自动运输、储存和管理任务。

（4）智能功能包括资源要素、系统集成、_____、信息融合和新兴业态。

（5）智能制造系统架构通过＿＿＿＿＿＿、系统层级和＿＿＿＿＿＿3个维度构建完成，主要解决智能制造标准体系结构和框架的建模研究。

（6）＿＿＿＿＿＿是由设计、生产、物流、销售、服务等一系列相互联系的价值创造活动组成的链式集合。

（7）自动化制造系统包括＿＿＿＿＿＿和＿＿＿＿＿＿。

3. 单项选择题

（1）FMS适用于下述（   ）生产类型。

A. 多品种、中小批量   B. 高生产率、大批量

C. 低生产率、小批量   D. 单件生产

（2）根据制作的产品的数量和批量的不同，一般将制造的生产类型划分为3类，即（   ）。

A. 单件生产、中批生产、大量生产

B. 单件生产、中批生产、大批生产

C. 小批生产、中批生产、大批生产

D. 单件生产、成批生产、大量生产

（3）刚性自动化是指顺序地布置设施及设备的自动化，其工艺流程是根据下列（   ）进行的。

A. 可变的原则   B. 多变的原则

C. 变化的原则   D. 不变的原则

（4）现代制造业已发展到（   ）阶段。

A. 定制生产   B. 大规模生产

C. 大量定制生产   D. 小量定制生产

（5）MRP II的中文翻译名称通常为（   ）。

A. 物料需求计划

B. 第二代物料需求计划

C. 制造资源计划

D. 第二代制造资源计划

（6）制造系统从外部输入原材料、坯件及配套件，输出成品与弃物的活动，称之为（   ）。

A. 能量流   B. 物料流

C. 信息流   D. 资金流

4. 简答题

（1）什么是ERP，它包括哪些功能模块？

（2）什么是MES，它与ERP有什么区别？

（3）PDM与PLM有什么关系？

（4）什么是产品制造的主生产计划？

5. 讨论题

（1）探讨物料需求计划、制造资源计划和企业资源计划的内在联系。

（2）探讨基于规则的调度方法与基于仿真的调度方法有何区别。

第3章
智能制造之智能决策

📋 **案例导入**

西门子安贝格工厂对工业4.0的思考和实践

24 h交货时间，每1 s出一个产品，合格率99.9985%，管理30亿个元器件，约1 200名员工，5 km地下元器件运输带，磁悬浮运输带！——这就是西门子安贝格工厂！在这家工厂，生产设备和计算机可以自主处理约75%的工序，只剩余约25%的工作需要人工完成。工厂自建成以来，生产面积没有扩张，员工数量也几乎未变，产能却提升了8倍，平均1 s即可生产一个产品。同时，产品质量合格率高达99.9985%，全球没有任何一家同类工厂可以匹敌。在生产车间中，时不时会看到工人在走动巡查。这家工厂依然有大约1 200名员工，实行三班轮换制，每班有300～400名员工。他们会起身查看自己负责环节的进展，比如手工连接上某些原材料以及查看数据等。工厂里的所有设备都已经联网，可以实时交换数据，因此员工可以通过移动终端查看重要信息。1 000多台扫描仪实时记录所有生产步骤，记录焊接温度、贴片数据和测试结果等产品细节信息。而人最为重要的作用是提出改进意见。现在，员工提出的改进意见对年生产力增长的贡献率达40%，剩余60%源于基础设施投资，包括购置新装配线和用创新方法改造物流设备等。

这家"明星"工厂的闪光之处在于"机器控制机器的生产"，也就是端到端的数字化，这正是未来制造所要达到的目标。

3.1 智能决策的定义

当我们在系统科学的视角下观察人在一个运营系统中的作用时，人的角色只有两个，或是决策者，或是执行者。人在不同的时间、空间里，可能是不同的角色。在厂长室他是决策者，而在谈具体商务合同时他是执行者，如图3-1所示。

智能决策

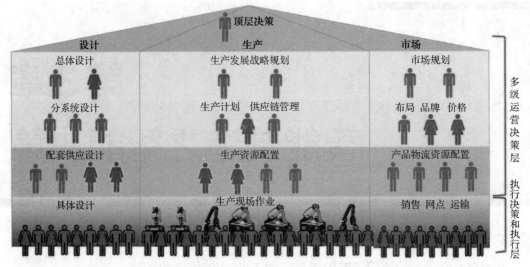

图3-1　智能决策

　　我们在一个工业系统的简图里标出了人在系统中的位置。既然人在这个工业系统中存在两个领域的角色，那么工业领域的"智能"必定包含智能决策和智能执行。这是两个层面的事情。智能决策和智能执行是实现智能制造不可或缺、不可分离的两个重要方面。我们不能将决策和执行割裂去独立研究决策层或执行层，也不能将决策和执行混同。在当前我国实施的智能制造战略中，尤其不能缺少、弱化智能在决策领域中的研究。我们需要先对工业系统的决策、决策层、执行、执行层以及"智能"做定义，才能继续下面的讨论。

　　决策就是对无限需求（目标、任务）和有限资源实施的配置。工业系统是一个层层嵌套、分割的系统。一个工业系统可以分为资源和任务（目标）两个子系统。

　　资源系统包括企业自身的层次结构的决策管理团队以及研发、生产、销售、行政、财务等子系统，企业的软件和硬件设备、物料资源、资金、能源，也包括供应商、客户等外部资源。除此之外，还包括看不见的信息资源和时间资源等。

　　企业的任务（目标）系统有长期、中期、短期目标，或者称为规划、计划、调度目标。目标也一定是分层嵌套的。但不管怎么划分，终端的目标一定要落实到具体的可以执行的实体或服务上。我们必须注意到，企业的目标常常是多目标、多约束、动态变化的。比如最好的服务和最低的成本，比如不能加班且完成任务，比如这个月即使影响产能也要确保几个订单的交期、下个月再挖掘产能等。

　　回到定义上。智能制造是具有智能运营和管理模式的制造企业所进行的运营活动的统称。管理者通常通过决策来实现使用设施、利用资源，进而达到有效完成经营活动的目的。因此，智能决策的能力和水平是决定企业智能制造水平的关键。从本质上说，企业向智能制造发展的过程，也就是管理从经验决策向科学决策，进而向智能决策演进的过程。

在这一过程中，决策的不断优化离不开数据与信息，离不开企业信息化。但信息化不等于信息系统化，因为很多离散在IT系统之外的数据也是可以支撑分析的，这一点在实践中往往会被人所忽视。随着近年来企业信息化建设的不断深入，企业内部各类信息系统不断增多，为决策支持提供了越来越多的信息和数据。

一个工业系统的运营决策执行系统包括高层次的决策和次一层的决策等。高层次的决策就是依据企业的高层次目标配置高层次的资源；次一层的决策是依据相应的子目标配置子资源；以此类推。当确定的目标和确定的资源成为确定的配置关系并无法再分割的时候，系统则进入了执行层。在此之上，都属于决策层。

从人类发明石器工具开始，人的智能就开始在工具上"固化"。工业文明史就是人类在工业工具、工业产品和生产模式上不断通过软、硬两种方式固化人类智慧的历史。因此，关于"工业智能"的定义并不重要。在工业企业作业的一线也就是决策层，如果我们用汇集人工智慧的工业设计工具、生产工具和设备、市场分析、营销网络和技术，辅助我们或者代理工人完成决策目标的物化，这就是智能执行。工业系统的智能决策是指对决策目标和有限资源的优化配置能力。这是一种基于系统科学、管理科学和信息技术综合集成的能力。智能决策属于21世纪的科学。人类工具进化如图3-2所示。

图3-2　人类工具进化

执行层的智能属于产能范畴。在工业企业的执行层，也就是我们通常所说的设计、生产销售的第一线，已经开始拥有越来越多的智能资源了。高端的设计软件，如CAX系统、3D打印、虚拟现实（VR），可以让设计越来越智能、越来越高效。车间的机器越来越聪明，设备越来越智能，各种机器人与生产线能较好地自动化融合，市场销售管理有越来越强大的网络数据和管理系统的支撑。但是，这一切都是企业的固定资产（软资产、硬资产），都属于产能的范畴（或者说这是先进的产能）。这些都与企业能否获得竞争力、能否获得理想的回报、能否长久不衰持续发展没有直接的因果关系。不管这些生产资源"智能"到何等程度，也不管人们是否愿意承认这一点，这是产能的定义，无须证明。设备非常先进的企业倒闭，硬件资源非常一般的企业正常发展——这样的案例我们已经看到太多了。换句话说，前面所说的这些先进产能都是可以花钱买来的，而能够花钱买来的不一定是核心竞争力。有正确决策支撑，这些先进产能的潜力得到发挥，企业将获得巨大发展空间；在不明智的决策下，这些东西将成为企业的负担，成为高额的成本，未来淘汰的首先就是这类企业。

执行层也有决策问题。过去，工人得到开模指令会根据工艺需求和经验在数控机床进行加工，如先做什么后做什么、用什么刀具、设定转速等。这就是人的智能决策。当我们把产品交给"智能"的机床后，把数字化产品的定义和人的知识和经验输入机床，机床的系统将按照指令自动加工，甚至这个系统还可以优化加工路径以达到省时、省力的目的。在执行层，所有的决策都是基于明确的目标和确定的资源做出的。在执行层局部范围，系统边界清楚，系统环境简单，开放性有限，属于简单系统的确定性问题。也正因此，一个高度"智能"的设备资源的执行决策才可能"自主决策"并"精准执行"。

一个家电装配生产无人车间（不该称之为"无人工厂"）就是一条由机器人、AGV等组成的全自动化生产线，可视同为自动化程度很高的一台设备。它按照严格的流程和明确的规则去执行既定的明确的生产指令。"个性化定制"实际上是按指令进行装配，就是机械手在已经备好的线边库抓取不同零部件组装成不同规格的产品。这类无人车间的设计理论已经很成熟，但在工程细节的设计和实施方面仍需要汇集很多人的经验和智慧，需要各种技术成果和信息集成。但是，无人车间不是理论问题，而是实践问题，它的智能属于"弱人工智能"。与其为参观无人车间感到"震撼"，不如研究他们是如何产生巨大的现金流来"供养"这条生产线的。实际上，无人驾驶汽车以及"阿尔法狗"也应该归为这一类，属于简单系统的确定性问题，按既定规则"自主决策"并"精准执行"。

当前一场以"智能"为关键词的技术革命正蓬勃发展、势不可当，前景不可限量。在执行层的领域，智能设计、智能生产、智能市场的技术进步是显而易见的。这些新技术极大地提升了企业的生产力。与此同时，我们需要认识到，执行层的"智能"都是附加在生产资源上的，无论怎样都不能改变它是生产资源的属性。

3.2　智能决策的技术特征

3.2.1　数据驱动技术

智能决策支持系统的基本特点是多样性和多变性。在这里多样性的含义是很广泛的，其中包括技术的多样性。事实上，智能决策支持系统是非常综合的，它涉及许多软件技术。

数据库系统是智能决策支持系统的重要组成部分，是信息存储、处理的基础。数据库技术主要经历了层次模型、网状模型以及关系模型数据库3个发展阶段，其中关系模型数据库的出现是数据库乃至计算机科学发展史上巨大的进步，迄今仍然"统治"着数据库应用市场。

信息的基本形式是数据，数据处理的中心问题是数据管理。数据管理指的是对数据的分类、组织、编码、存储、检索和维护等。在经历了人工管理、文件系统和数据库系统3个阶段的发展后，数据库管理系统成了今天几乎所有信息处理系统的基础。

数据库管理系统是用于描述、管理和维护数据库的软件系统。它建立在操作系统的基础上，对数据库进行统一的管理和控制。

在智能决策支持系统中，数据库管理系统同样是整个系统的基础，但它又有特殊性。

（1）在一般信息系统中数据是一切设计的出发点，人们总是在分析现实系统数据需求的基础上，建立数据流图或实体-联系图，并在此基础上构筑整个系统的框架。而在智能决策支持系统中，设计的出发点是决策模型和决策方法，数据的需求、收集和组织都是基于这些模型和方法的。

（2）数据来源多样。在智能决策支持系统中，数据不仅来源于本系统内部，而且更多地来源于外部。有效地取得外部数据对于智能决策支持系统而言是非常重要的，类似开放式数据库互连（Open Database Connectivity，ODBC）这样的接口解决了从不同数据来源取得数据的问题，当然，更重要的是如何选取和处理这些外部涌入的大量数据。

（3）数据组织更复杂。面向决策的数据已不再局限于传统联机事务处理系统。多维分析常被称为联机分析处理。它使得用户能做更为复杂的查询，诸如按照季度和地区比较前两年销售与计划的相关性。不仅如此，决策还涉及更广泛的联系，如公司在进行销售决策时可能还涉及地理信息，在进行技术改造决策时还涉及工程设计信息，这些都是用传统的关系数据库难以表达的。

（4）数据是集成的，应该具有一致性，如字段的同名异义、异名同义、单位不统一等必须整合。

（5）数据是面向决策者的，而传统的数据是面向软件人员和操作者的，体现在两个方面：一是数据使用和理解涉及太多的软件技术概念；二是数据和决策需要还有太多的语义距离。智能决策支持系统的数据组织必须改善这两点。无论是在数据库和决策之间建立面向决策的"语义层"，还是建立数据仓库，在这两点上的目的都是相同的。

（6）决策需要数据有时间刻度。进行历史数据的比较是决策分析中最基本的需要，这也是数据仓库要解决的一个基本问题。

目前，数据库领域的几项重要发展都和智能决策支持系统密切相关。数据库的发展极大地改善了智能决策支持系统的决策水平。

3.2.2 决策支持技术

决策支持技术主要用来解决非结构化、半结构化问题，以区别于处理结构化问题的信息系统。例如在健康管理系统中，融合技术的作用是最大限度地利用系统信息；预测技术是健康管理的关键，是决策的基础；决策支持则是健康管理系统的最终结果。

决策支持系统是辅助决策者通过数据、模型和知识，以人机交互方式进行半结构化或非结构化决策的计算机应用系统。它是管理信息系统面向更高一级发展而产生的先进信息管理系统。它为决策者提供分析问题、建立模型、模拟决策过程和方案的环境，通过调用各种信息资源和分析工具，帮助决策者提高决策水平和质量。

决策按其性质可分为如下3类。

（1）结构化决策，是指对某一决策过程的环境及规则，能用确定的模型或语言描述，以适当的算法产生决策方案，并能从多种方案中选择最优解的决策。

（2）非结构化决策，是指决策过程复杂，不可能用确定的模型和语言来描述其决策过程，遑论最优解的决策。

（3）半结构化决策，是介于以上二者之间的决策，这类决策可以通过建立适当的算法产生决策方案，使决策方案得到较优的解。

非结构化决策和半结构化决策一般用于一个组织的中、高管理层。其决策者一方面需要根据经验进行分析判断；另一方面也需要借助计算机为决策提供各种辅助信息，以便及时做出正确有效的决策。

决策的进程一般分为4个步骤。

（1）发现问题并形成决策目标，包括建立决策模型、拟订方案和确定效果度量。这是决策活动的起点。

（2）用概率定量地描述每个方案所产生的各种结局的可能性。

（3）决策人员对各种结局进行定量评价，一般用效用值来定量表示。效用值是有关决策人员根据个人才能、经验、风格以及所处环境条件等因素，对各种结局价值的定量估计。

（4）综合分析各方面信息，以最后决定方案的取舍，有时还要对方案做灵敏度分析，研究原始数据发生变化时对最优解的影响，确定对方案有较大影响的参量范围。决策往往不可能一次完成，而是一个迭代过程。决策可以借助计算机决策支持系统来完成，即用计算机来辅助确定目标、拟订方案、分析评价以及模拟验证等工作。在此过程中，可用人机交互方式，由决策人员提供各种方案的参量并选择方案。

决策支持是为了实现某一目标，在占有信息和经验的基础上，根据客观条件，借助科学的理论和方法，从提出的若干备选行动方案中，选择一个让人满意、合理的方案而进行分析判断的工作过程。简言之，决策支持即对未来行动的选择。决策支持技术是管理的核心，渗透到管理的各项职能中，贯穿于管理的全过程。

决策支持系统的基本结构主要由4个部分组成，即数据部分、模型部分、推理部分和人机交互部分。

数据部分是一个数据库系统。模型部分包括模型库及其管理系统。推理部分由知识库、知识库管理系统和推理机组成。人机交互部分是决策支持系统的人机交互界面，用以接收和检验用户请求，调用系统内部功能软件为决策服务，使模型运行、数据调用和知识推理达到有机的统一，有效地解决决策问题。

由于互联网的普及，网络环境的决策支持系统将以新的结构形式出现。决策支持系统的决策资源，如数据资源、模型资源、知识资源等，将作为共享资源，以服务器的形式在网络上提供并发共享服务，为决策支持系统开辟一条新路。网络环境的决策支持系统是决策支持系统的发展方向。知识经济时代的管理——知识管理和新一代互联网技术——网格计算，都与决策支持系统有一定的关系。知识管理强调知识共享，网格计算强调资源共享。决策支持系统利用共享的决策资源（如数据、模型、知识等）辅助解决各类决策问题，基于数据仓库的新决策支持系统是知识管理的应用技术基础。在网络环境下的综合决策支持系统将建立在网格计算的基础上，充分利用网格上的共享决策资源，达到随需应变的决策支持的目的。

3.2.3　知识推理技术

1. 概述

知识推理是指在计算机或智能系统中，模拟人类的智能推理方式，依据推理控制策略，利用形式化的知识进行机器思维和求解问题的过程。

智能系统的知识推理过程是通过推理机来完成的。所谓推理机就是智能系统中用来实现推理的程序。推理机的基本任务就是在一定的控制策略指导下，搜索知识库中可用的知识，与数据库匹配，产生或论证新的事实。搜索和匹配是推理机的两大基本任务。对于一个性能良好的推理机，应有如下基本要求：高效率的搜索和匹配机制、可控制性、可观测性、启发性。

智能系统的知识推理包括两个基本问题：一是推理方法；二是推理的控制策略。推理方法研究的是前提与结论之间的种种逻辑关系及其信度传递规律等；而推理的控制策略的采用是为了限制和缩小搜索的空间，使原来的指数型困难问题在多项式时间内求解。从问题求解角度来看，推理的控制策略也称为求解策略，它包括推理策略和搜索策略两大类。

推理方法主要解决在推理过程中前提与结论之间的逻辑关系，以及在非精确性推理中不确定性的传递问题。按照分类标准的不同，推理方法主要有以下3种分类方式。

（1）从方式上分，可分为演绎推理和归纳推理。

（2）从确定性上分，可分为精确推理和非精确推理。

（3）从单调性上分，可分为单调推理和非单调推理。

2. 知识推理的控制策略

（1）推理策略。推理策略主要包括正向推理、反向推理和正反向混合推理。正向推理又称事实驱动或数据驱动推理，其主要优点是比较直观，允许用户提供有用的事实信息，是产生式专家系统的主要推理方式之一；反向推理又称目标驱动或假设驱动推理，其主要优点是不必使用与总目标无关的规则，且有利于向用户提供解释；正反向混合推理可以克服正向推理和反向推理问题求解效率较低的缺点。基于神经网络的知识推理既可以实现正向推理，又可以实现反向推理。在研制结构选型智能设计系统时，应结合具体情况选择合适的推理策略。

（2）搜索策略。搜索策略包括盲目搜索和启发式搜索，前者包括深度优先搜索和宽度优先搜索等搜索策略，后者包括局部择优搜索和最好优先搜索等搜索策略。

3. 结构智能选型的知识推理策略

对于不确定性信息，主要有两类不确定性推理方法：一类是数值方法，包括确定性推理、概率推理、模糊推理、证据推理和合情推理等各种非精确推理方法；另一类是非数值方法，包括非单调推理和批注理论等。前已述及，结构的选型决策包含大量不确定性信息。我们认为，对于大型复杂结构智能选型的不确定性推理，应重点研究以下内容。

（1）基于信息融合技术的多源不确定性信息融合推理方法。信息融合技术实际上是一种多源信息的综合技术，它通过计算机对来自不同信息源（如传感器、遥感系统、互联网等）的数据信息进行自动分析和综合，以完成所需的评价和决策任务。目前研制的建筑结构选型专家系统，大多针对模糊性信息采用模糊推理方法进行方案评价。但是在大型复杂结构选型中，尚有大量随机性信息和未确知性信息，因此应该重点研究模糊推理方法与概率推理和证据推理（对于未确知性信息）的综合推理问题，即研究基于信息融合技术的多源不确定性信息融合推理方法。

（2）基于人工神经网络的知识处理。由于基于人工神经网络（包括模糊神经网络）的知识处理具有集约特征，即知识的获取、表示和推理合为一体，它们都是通过神经网络的学习训练实现的，从而可以充分利用样本性知识，而样本性知识相对来说是比较容易获得的。因此，研究基于人工神经网络的大型复杂结构选型智能设计系统是本书的重点研究内容之一。

（3）基于实例的推理。基于实例的推理的核心思想是在进行设计问题求解时，使用以前求解类似设计问题的经验来进行设计推理，而不必从头做起。从设计活动的推理机制来看，基于实例的推理基于以前的经验实例，实例中包含有问题说明、解决方案等信息，使得它们能解决当前的设计问题。因而基于实例的推理适合于求解一些频繁遇到的、有相似性的设计问题。研究和开发基于实例的推理的大型复杂结构选型智能设计系统，可以更好地利用设计专家丰富的设计经验和设计成果，有利于存储、检索、调整和重用实例（包括成功的选型实例和失败的选型实例），对于协同式设计、分布式设计和基于互联网的远程设计都有重要意义。

3.2.4　人机交互技术

智能制造的发展离不开机器人。发展智能机器人是打造智能制造装备平台、提升制造过程自动化和智能化水平的必经之路。

1959年，美国制造出世界上第一台工业机器人。此后，机器人在工业领域逐渐普及开来。随着科技的不断进步，特别是工业4.0的到来，广泛采用工业机器人的自动化生产线已成为制造业的核心装备。

但是，在智能制造时代，为了满足消费者日益增长的定制化产品的需求，智能工厂需要在有限的空间内，充分利用现有资源，建设灵活、安全、可快速变化的智能生产线。为适应新产品的生产，需要更换生产线，缩短产品制造时间，以及灵活快速的生产单元来满足这些需求，以提高制造企业的产能和效率，降低成本。因此，智能机器人会成为智能制造系统中最重要的硬件设备之一。从某种意义上来说，智能机器人的全面升级是新一轮工业革命的重要内容。但在某些产品领域与生产线上，人工操作仍不可或缺，比如装配高精度的零部件、对灵活性要求较高的密集劳动等。在这些场合人机协作机器人将发挥越来越大的作用。

　　所谓的人机协作/人机交互，即由机器人从事精度与重复性高的作业流程，而工人在其辅助下进行创意性工作。人机协作机器人的使用，使企业的生产布线和配置获得了更大的弹性空间，提高了产品良品率。人机协作的方式可以是人与机器分工，也可以是人与机器一起工作。

　　不仅如此，智能制造的发展要求人和机器的关系发生更大的改变。人和机器必须能够相互理解、相互感知、相互帮助，才能够在一个空间里紧密地协作，自然地交互并保障彼此安全。

　　改善人机关系一直是计算机发展的目标。在智能决策支持系统中，建立良好的人机界面具有重要的意义。

　　在一般的信息系统中，使用者是专门的操作员。一般这些操作员的计算机专业知识有限，更不会对系统本身有深入理解，因此要求系统有直观易懂的界面形式、坚固的防误操作设计。但操作员所要使用的方式是程序化的、固定的，可以通过培训使操作员熟悉特定的交互方式。而对于智能决策支持系统的使用者——决策人员来说，这些就不可能了。一方面智能决策支持系统的使用方式是非程序化的，其需求多样而且多变；另一方面，决策者对计算机的熟悉程度往往更低，特别是不熟悉一些特定软件工具或技术的使用等，而且决策者也没有时间来熟悉过于专业的技术。如何合理地设计交互界面，使用户的需求能充分、灵活和方便地输入计算机，同时将计算机的处理结果直观、充分和合理地"告诉"使用者，就成了智能决策支持系统设计的关键之一。可以不夸张地说，交互界面设计成功了，智能决策支持系统也就成功了一半。

3.3　智能决策的典型应用

3.3.1　生产运行管理

1. 概述

　　生产运行管理是指计划、组织、控制生产活动的综合管理活动，包括生产计划、生产组织以及生产控制。通过合理组织生产过程，有效利用生产资源，经济合理地进行生产活动，以达到预期的生产目标。

　　生产运行管理是整个企业管理工作中的重要组成部分。企业管理的目标是将有限的资源通过合理、有效地配置与应用，不断满足用户需求，追求企业经济效益和社会效益的最大化。生产管理是企业管理系统的一个子系统，其主要任务是根据用户需求，通过对各种生产资源的合理利用，科学地组织，以尽可能少的投入生产出符合用户需求的产品。生产管理是对企业生产活动进行计划、组织和控制等全部管理活动的总称。一般来说，凡是与企业生产过程有关的管理活动都包括在生产运行管理的范畴之内，如产品需求预测、产品方案的确定、原材料的采购与加工、劳动力的调配、设备的配置与维修、生产计划的制订、日常生产组织等。

总体而言，要注意做好行业生产基础技术的积累和创新工作，注重设备功能在细节方面的改进和优化，注重前后流程间相关设备的对接和协同一致，在引进先进设备的同时一定要注意设备维护和生产环境维护等工作，以提高设备使用率，降低设备使用成本。

2. 生产运行管理的基本内容

（1）制订生产计划。主要是指月计划、周计划和日计划。生产部门要以营销部门的销售计划为基准来确定自己的生产计划，就要根据以往的出货及当前的库存情况去安排计划。生产计划做出来后一定要传达给采购部门和营销部门。

（2）把握材料的供给情况。生产部门有必要随时把握生产所需的各种原材料的库存数量，目的是在材料发生短缺前能及时调整生产并通报营销部门，以便最大限度地减少材料不足所带来的影响。

（3）把握生产进度。为了完成事先确定的生产计划，生产管理者必须不断地确认生产的实际进度。建议每天一次将生产实绩与计划做比较，以便及时发现差距并采取有效的补救措施。

（4）把握产品的品质状况。衡量产品品质的指标一般有两个：过程不良率及出货检查不良率。把握品质不仅要求生产管理者要了解关于不良的数据，而且要对品质问题进行持续有效的改善和追踪。

（5）按计划出货。按照营销部门的出货计划安排出货，如果库存不足，应提前与营销部门联系以确定解决方案。

（6）人员管理。生产管理者要对自己属下的从业人员负责，包括掌握他们的工作、健康、安全及思想状况。对人员的管理能力是生产管理者业务能力的重要组成部分。

（7）职务教育。要对属下的各级人员实施持续的职务教育，目的在于不断提高他们的思想水平和工作能力，同时还可以预防某些问题的再发生，因此生产管理者要不断地提高自身的业务水平。

3.3.2　协同工艺设计

目前，很多企业的工艺设计系统建立在固定制造资源的基础上，很难适应制造资源随时变化的动态特性。同时在传统的制造模式下，企业制造资源模型是根据各个阶段、各个部门、各个计算机应用子系统对制造资源信息的需求而制定的，并建立了相互独立的制造资源模型和数据库，因而造成制造资源不统一，大量数据冗余，无法有效支持工艺设计与其他生产活动间的协同。

协同设计是先进制造技术中并行工程运行模式的核心。传统设计是串行迭代的模式，即瀑布式的设计方法。也就是说按产品生命周期的各个过程顺序执行。在使用阶段发现问题后，要在前面各阶段中找原因加以解决。并行工程则是在产品设计阶段尽早考虑产品生命周期中各种因素的影响，全面评价产品设计，以达到设计中的最优化，最大限度消除隐患。因此，涉及产品整个生命周期的各个部门的专家必须协同工作，在产品的设计阶段，不仅设计专家要进行讨论、协调产品的设计任务，而且工艺、制造、质量等后续部门也要参与产品设计工作，并对产品设计方案提出修改意见。协同设计也是快速制造、动态联盟的重要方法和手段。当今，市场形势日趋多变，产品生命周期短、更新换代快、品种增加、批量减少，客户对产品的交货期、价格和质量的要求越来越高，企业往往依靠其特有的一些技术构成的新产品以赢得市场份额，获取高额利润。在这种情况下，如何及时地提供可利用的知识和技术，快速开发新产品，重组资源，组织生产，满足用户"个性化产品"的需要，就成为企业能否赢得竞争、不断发展的关键。

3.3.3　先进计划与调度

1. 概述

先进计划与调度（Advanced Planning and Scheduling，APS）是一套系统和方法论，其中进行的决策制定，如行业的计划和调度，在不同区域、企业内或企业间是联合及同步的，从而可以达到全面和自主的优化。"先进计划与调度"的概念最初于20世纪90年代后期被提出，伴随着详细调度和优化算法，引进了先进生产计划技术或供应链计划技术。从此不断发展的上述技术已被部分应用于一些ERP的计划系统引擎及供应链计划软件包。

制造业在多品种、小批量的生产模式下，由数据自动、及时、方便的精细化采集及多变性导致的数据的增加，再加上十几年的信息化历史数据，对于需要快速响应的APS来说，是一个巨大的挑战。大数据可以给予更详细的数据信息，发现历史预测与实际的偏差概率，考虑产能约束、人员技能约束、物料可用约束、工装模具约束，通过智能的优化算法，制订预排产计划，并监控计划与现场实际的偏差，动态地调整排产计划。

对于拥有许多复杂产品型号的制造商来说，定制产品或者以销定产的产品能够带来更高的毛利率，但是在生产过程没有被合理规划的情形下，同样可能导致生产费用的急剧上升。通过高级分析，制造商能够制订出合理的生产计划，以便在生产上述定制产品或以销定产的产品时，对目前的生产计划产生最低程度的影响，进而将规划分析具体到设备运行计划、人员及店面级别。

2. 先进计划与调度技术

（1）以运行为中心的物料清单。

传统的物料清单（Bill of Material，BOM）表示产品或零件与物料间的关系。对于计算生产需求数量的成品所需的各物料数量来说非常有用。此外，路径信息或产品生产处方则用独立表示的数据进行管理，这对于计算每种资源的负荷是必要的。APS通过一种被称为以运行为中心的BOM的新数据结构整合了传统的BOM和路径数据，将重点放在能连接旧有BOM的物料和路径表资源的运行上。

（2）实际车间约束的详细建模。

分派清单的详细调度需要高层次的正确性。为了达到这个目的，调度者必须意识到实际车间存在许多不同的约束，并且使它们适合调度。常规调度可以处理很简单的约束，比如资源产能约束和优先级约束。作为补充，APS的调度可以描述更加详细的约束，比如物料约束、转变（清洗）和安排（管道连通性）约束、下级资源（人工和工具）安置约束、储存空间（罐储能）约束等。

（3）有限产能和库存调度法则。

有限产能调度处理资源产能约束，并且计算不超出产能最大值的调度。APS的调度逻辑的最大优势是有限产能和库存调度能力。在有限产能和库存调度法则里，如果不存在生产产品的物料，就不会在甘特表中进行运行调度。有限产能和库存调度法则明确处理储存域或罐内的库存，试图平衡下游流程的消耗和上游流程的生产或获得。

（4）瓶颈优化和同步调度。

如果瓶颈流程的性能显著影响了整个系统的性能，那么APS可以为流程提供调度并使得其他流程与瓶颈同步。例如，APS首先关注瓶颈流程的优化，然后分别把向后和向前的调度法则应用于上游和下游流程。根据约束理论，调度的时间缓存抵抗任何瓶颈扰动。

（5）主要生产调度的"如果……怎么办？"模拟。

主要生产调度包括销售和制造分界之间重要的协作信息。在APS中，关于产品运输给顾客的数据通常向上详细描述，从实际车间记录详细生产信息。调度的可行性由详细调度评估，这种功能称为"如果……怎么办？"模拟。模拟结果可以与主要生产调度联合进行证实。

（6）分派命令和制造批量的动态完全固定技术。

当特定分派命令和制造批量发生延时或问题时，MRP系统一般不能发现直接影响最终消费者命令的因素，这就要依靠单层的固定能力。此外，静态完全固定系统的生产允许车间操作工来决定每个运行的最终消费者。这是十分灵活的，并且允许消费者的请求可以轻易改变，但是由于不经济的批量尺度而使效率十分低下。APS的动态完全固定是一种为车间批量生产，甚至是经济的批量生产显示最终消费者命令和实际工作命令之间的联系的技术。同时，当紧急的、高优先级的命令传达时还可以修改这些联系。

（7）使用后启发式法则优化方式。

为了给制造业者创造一个优化的计划解决方案，APS有数个优化法则，比如遗传法则和禁止搜寻技术等。计划与调度问题有着许多不同的约束和决策变量，这些都可以导致联合性的崩溃。然而，这些优化法则称为后启发式，允许计划者或调度者在实际估计时间内寻找次优的可行解决方案。

3.3.4 物流优化管理

1. 概述

物流发展的市场基础是以企业物流服务需求为导向，扩大物流服务市场是加快物流发展的关键。根据过去管理体制的指导，几乎每个二级单位建立了自己"大而全、小而全"的供应系统，企业的内部生产至今仍受原先物流模式的影响。企业普遍存在以下问题：库存数量大，占压大量资金；自备仓储和运输等设施利用率低，成本支出高；迂回运输频繁，产品不能满足售后服务要求。因此，目前的物流管理水平与现代物流相比还存在很大差距，无论在资源合理利用方面还是在组织框架、运作方式等方面，目前的物流方式不仅不能与时俱进，满足标准化、规范化的要求，而且在一定程度上还制约着物流发展的市场空间。

随着车间物料需求计划变得越来越复杂，如何采用更好的工具来迅速高效地发挥数据的最大价值，如何通过有效的车间物料需求计划系统集成企业所有的计划和决策业务，包括需求预测、库存计划、资源配置、设备管理、渠道优化、生产作业计划、物料需求与采购计划等，将彻底变革企业市场边界、业务组合、商业模式和运作模式等。建立良好的供应商关系，实现双方信息的交互，是消除供应商与制造商之间不信任成本的关键。双方库存与需求信息交互、供应商管理的库存（Vendor Managed Inventory，VMI）运作机制的建立，将降低由于缺货造成的生产损失。部署供应链管理系统要将资源数据、交易数据、供应商数据、质量数据等存储起来用于跟踪供应链在执行过程中的效率、成本，从而控制产品质量。企业为保证生产过程的有序与匀速，为达到最佳物料供应分解和生产订单的拆分，需要综合平衡订单、产能、调度、库存和成本间的关系，需要大量的数学模型、优化和模拟技术为复杂的生产和供应问题找到优化解决方案。

为了顺应时代潮流，在体制改革与发展的背景下，发展物流迫在眉睫。资源优化配置和生产要素自由流动必将对企业及其地区的物流模式产生重大影响。根据市场经济规律和社会化大生产的要求，可以通过重组企业物流系统来从根本上改变传统物流运作模式，促进企业物流管理由粗放型转变为集约型。与此同时，在提高物流组织化程度的基础上，还需要扩大物流服务需求，创造一定的市场基础。换言之，即通过提高物流需求拉动物流服务供给以促进物流发展。需求和物流这二者是相辅相成的，一旦形成了规模经营，企业物流管理便可达到比较高的层次。

2. 物流优化管理办法

（1）提高企业供应链管理水平。

提高经济运行质量和效益的战略性措施离不开高水平的企业物流管理。在企业物流管理中需着重解决以下3个问题。

①存货数量大，占压资金问题。要求企业在物流重组中，重新核定各项库存定额，减少乃至取消二级非生产用料库房，降低资金占用。以此来提高供应效率，做到原材料和零部件直送生产现场，逐步实现零库存、零等待。优化配送物流链，缩短产品到达最终用户的时间，降低库存。优化供应配置，通过供应链一体化协作，利用供应商库存，切实运行"储物于商"的运行机制。

②企业内部物流管理职能分散问题。之前企业对物流活动多数实施纵向直线管理，而现代物流则要求从采购、存储到配送至现场全程统一实施计划、组织、控制和管理。从内部物流一体化逐步完善到供应链上全部公司在内的外部物流一体化。

③企业物流活动自我服务比重过大问题。企业要充分优化、利用交通运输买方市场条件，采用招标议标等方式，公开选择并充分利用社会运输、仓储和货运代理等资源解决自我服务比重过大问题，在服务本企业的同时参与社会竞争。

利用大数据进行分析，将带来仓储、配送、销售效率的大幅提升和成本的大幅下降，并将极大地减少库存，优化供应链。同时，利用销售数据、产品的传感器数据和供应商数据库的数据等大数据，制造企业可以准确地预测全球不同市场区域的商品需求。制造企业可以跟踪库存和销售价格，因此可节约大量的成本。

（2）构建物流管理新理念、新思路。

为全面提高物流水平，优化物流管理，需要在不同层次和环节上形成别具特色的做法才能见到实效。

①优化整体供应链，确定物流为核心竞争力。将物流水平放在企业核心竞争力的战略位置，以全局利益为出发点去组织管理采购、仓储、配送和运输这一条线的物流活动，整体优化重组物流业务流程。要认真分析各区域、各单位物料特性、供货厂商远近。不论是物流中心还是各二级供应部门都配备了一定的装卸搬运设施，但利用率低，而大型吊运设备短缺，需要配备的资金量大，要解决这一矛盾，就需内外结合，充分调

研供需关系，与运输部门建立长期合作关系，实现"双赢"。

②优化供应配置，减少资金占用。如今多数企业的产品链首尾相接，因而现代物流强调由供应商和采购商共同管理库存。通过招标选择供应商，实行代储代销，生产所需的材料、零部件等定时、定点、定量配送，定期结算，大大降低储备资金占用。代储代销物资可放在配送中心，这部分物资由配送中心、存放点及厂商共同管理，其费用由厂商负责。基本实现生产线零库存，降低生产资金占用的目标。

③充分利用现有资源，不求大而全，不盲目追求先进技术，自我服务，依托社会物流资源。可以借鉴"本土化物流"的观念，在此基础上予以改造，节省资金。同时充分利用各单位现有库房，目前各单位库存利用率仅30%左右，料场利用率仅20%左右，这些剩余空间为物流开展提供了很好的基础设施。

④把物流服务融入企业供应链。树立新的经营理念，整合物流功能，将自身业务融入企业物流中，以优质服务取得用户信任，要实现配送集约化还需要采用现代物流技术，开展专项配送，提高售后服务水平。认真学习借鉴社会物流配送经验，取人之长，为我所用。

3.3.5 质量精确控制

传统的制造业正面临大数据的冲击，在产品研发、工艺设计、质量管理、生产运营等方面都迫切期待创新方法的诞生，来应对工业背景下的大数据挑战。例如在半导体行业，芯片在生产过程中会经历许多掺杂、光刻和热处理等复杂的工艺制程，每一步都必须达到极其苛刻的物理特性要求，高度自动化的设备在加工产品的同时，也同步生成了庞大的检测结果数据。这些海量数据究竟是企业的包袱还是企业的"金矿"呢？如果说是后者，那么又该如何快速地"拨云见日"，从"金矿"中准确地发现成为优质产品的关键原因？

按照传统的工作模式，需要按部就班地分别计算每个过程的能力指数，对各项质量特性一一考核。这里暂且不论工作量的庞大与烦琐，哪怕有人能够解决计算量的问题，也很难从这些指数中看出它们之间的关联，更难对产品的总体质量、性能形成全面的认识与总结。然而利用大数据质量管理分析平台，除了可以快速得到一个长长的传统单一指标的过程能力分析报表，更重要的是还可以从同样的大数据中得到很多崭新的分析结果，如以下几种。

1. 质量监控仪表盘

质量监控仪表盘的布局能够随着现场布局的调整动态变化，通过鼠标操作获取更多的信息，比如通过双击可查看异常数据细节和控制图。

2. 控制图监控与质量对比

系统提供多种控制图,并可定制各种判异准则。在同一控制图中可以实时显示多个序列,以帮助操作人员实时比较不同机台的质量表现。此外,还可以按属性组动态地进行监控,支持自动计算控制线。

3. 质量风险预警

系统可以通过多种方式对发现的质量风险进行及时预警,以减少缺陷、返工、报废和客户投诉的发生。可选预警方式包括但不限于电子邮件、工控灯、自动打印质量问题通知单、虚拟红绿灯等。

4. 质量报告

导出的报告中不仅包含数据,还可以包含诸多分析结果,如过程能力指数、中位数、分位数、最大值、最小值、抽样方法、质检结果等;支持导入报告模板。汇总跨部门甚至跨数据库的数据,并进行分析,生成各种形式的质量报告。

3.4　典型案例

【案例1　赛轮集团:数字化智能制造】

赛轮集团股份有限公司(以下简称赛轮集团)的前身为成立于2002年11月18日的青岛赛轮子午线轮胎信息化生产示范基地有限公司。赛轮集团是国内首家轮胎信息化生产示范基地和青岛市制造业信息化示范单位,也是国家橡胶与轮胎工程技术研究中心科研示范基地及轮胎先进装备与关键材料国家工程实验室、山东省橡胶行业技术中心依托单位,是我国轮胎业迅速崛起的新锐力量。

赛轮集团在成立之初,便以振兴民族轮胎业为己任,以创建百年民族品牌为目标,以轮胎技术创新和技术产业化实施为长远发展战略,打造国内轮胎业首家集信息化生产示范基地、科研示范基地、管理培训示范基地、行业技术中心于一体的新型子午线轮胎企业,致力于现代化信息技术和传统产业相融合,为我国民族轮胎业开辟了一条崭新的发展之路。

赛轮集团以其独特的企业管理及经营模式,坚持走"信息化与工业化相融合"的发展道路,以"利用信息化技术全面提升企业核心竞争力"为理念,是国内首家轮胎信息化生产示范基地。在行业内率先采用轮胎企业管控网络系统,从PCS、MES、ERP等层次全面实现了轮胎生产的数字化管理和智能化控制,利用信息化技术实现了对生产设备进行实时监控和对产品质量进行永久追溯及物流的监控,成为子午线轮胎信息化生产示范基地。

(1)赛轮集团ERP系统。

建成集团化的财务、采购、销售、生产、库存以及与车间制造执行系统等业务的一体化集成、集中、集控系统。最终形成以财务为核心,将业务执行层、操作层的信息化系统与企业经营层的采购、生产、销售、物流和财务系统有机结合,形成一个多层次、多方位、财务业务一体化的信息化管理体系,解决企业运行过程中管理流程可调、多变性与系统流程设计固化不易调整之间的矛盾,建立计划、资金、成本等完善的内部控制体系;搭建赛轮集团的电子采购平台和销售服务平台，实现B2B电子商务，进一步建立技术、商务和生产的合作和交流平台；采用成熟系统平台，吸收成熟管理思想，优化利用企业资源，调整规范企业管理模式，提高企业各管理层次决策能力，进而提高企业产品的市场竞争能力和市场效益。

（2）赛轮集团MES。

运用具有国际先进水平的MES对公司密炼、半成品、成型、硫化车间进行信息化改造，将企业的上层管理系统（ERP系统）与底层控制系统进行衔接，完成物料消耗产出、设备运转、工艺流程、质量检测等信息的自动采集追溯和管理信息的自动下载，实现信息整合和业务整合，使生产的每个环节标准化、智能化，达到成本核算要求，提高生产管理水平，最终达到利用信息技术改造和提升橡胶轮胎工业的目的，实现以设备全面动态管理为基础，以生产过程控制为主线，以保证工艺质量为目的，同时达到成本核算目的的生产制造执行管理系统。

通过轮胎制造执行系统的建设，为工厂的生产建立统一的生产信息平台，加强了各个工序之间的业务基础和数据共享，增强了各管理层对生产数据的查询和分析能力，以最经济的方式优化生产，从而满足赛轮集团及各分公司对生产运行业务进行决策的需求。

（3）赛轮集团仓库管理系统（Warehouse Management System，WMS）。

赛轮集团在青岛工厂建设完成立体仓库，通过WMS集成了信息技术、无线射频识别技术、条码技术、电子标签技术、Web技术及计算机应用技术等，将仓库管理、无线扫描、电子显示、Web应用有机地组成了一个完整的仓储管理系统，从而提高作业效益，实现信息资源充分利用，使仓库管理模式发生了彻底的转变。从传统的"结果导向"转变成"过程导向"。从"数据录入"转变成"数据采集"，同时兼容原有的"数据录入"方式。从"人工找货"转变成"导向定位取货"。同时引入了"监控平台"让管理更加高效、快捷。数据采集及时、过程精准管理、全自动化智能导向，提高了工作效率；库位精确定位管理、状态全面监控，充分利用了有限的仓库空间；货品上架和下架，全智能按先进先出自动分配上下架库位，避免了人为错误；实时掌控库存情况，合理保持和控制企业库存；通过对批次信息的自动采集，实现了对产品生产或销售过程的可追溯性。

（4）赛轮集团射频识别（Radio Frequency Indentification，RFID）网络系统。

通过引进和研发采用RFID技术，实现成型之前所有半成品的流转问题，并在成型工序采用RFID技术对所有半成品的信息进行采集，从而控制半成品的使用并记录。最大限度解决人工效率低、错误率高的问题，彻底改变轮胎生产的半成品管理方式。

（5）CAD智能参数化设计系统。

为提高半钢轮胎设计水平和生产效率，利于计算机程序开发技术对CAD进行二次开发，将设计人员的设计经验融入CAD系统工具之中，主要功能包括轮胎花纹、胎侧字体、轮廓、工具模具（成型、硫化）计算机自动化辅助设计、材料分布图自动绘制、体积质量计算自动化以及网络安全管理等。产品设计周期缩短到原来的1/5以内，设计质量合格率提高到99.8%以上。

（6）基于RFID的轮胎成品检测网络系统。

基于RFID的轮胎成品检测网络系统以RFID电子标签作为轮胎检测数据的载体，辅助检测网络系统实现对轮胎产品身份自动识别与确认、历史信息回溯与查询、轮胎检测等级的自动制定、轮胎流向控制等功能，同时实现可编程式的轮胎检测控制流程。该系统创建了轮胎数字化生产新模式，并通过实行轮胎"身份证"制度，进行高效准确的信息化追溯。

【案例2　信息化助力东风柳汽打造智能工厂】

东风柳州汽车有限公司（以下简称东风柳汽）是东风汽车集团股份有限公司和广西柳州市产业投资发展集团有限公司共同持股的有限责任公司。现有员工总数8 000余人。该公司是广西第一家汽车生产企业、第一款自主品牌家用车生产企业、我国第一家中型柴油载货汽车生产企业、我国首批"国家汽车整车出口基地企业"。其营销、服务网络遍布全国，并打入国际市场，产品出口至东南亚、中东、非洲及俄罗斯等地。

当前，国家宏观经济增速趋缓，汽车市场进入微增长时期，新一轮兼并重组大幕已经开启，行业内企业的优胜劣汰将愈演愈烈。面对严峻形势，基于竞争和发展的需要，企业必须不断提高产品的品质、性能、核心技术，做到持续改进，保障产品的市场竞争能力。技术部门与生产部门的配合度不断加大，新品车的开发、试制、试装及扩大生产是必然的要求。在这样的背景下，产品生产准备也带来了新的课题——在扩大生产的同时，保证产品的品质、性能及提高各部门的工作效率。

东风柳汽柳东乘用车基地生产线设计时速为40 JPH，新生产线对制造执行系统提出了更高的要求，需要建设一套功能完善、可靠的集配防错指示系统以解决物料拣料、配送问题。

基于精益生产的智能工厂一期建设项目利用RFID实时跟踪车辆组装生产的动态信息：焊接环节通过RFID系统实时采集车体队列信息并进行生产排序；利用RFID采集的车型和车体颜色等实时信息来控制车体涂装；构建基于RFID技术的总装生产模式，实现汽车生产全过程实时状态信息的监控。

利用物联网技术，建设基于RFID技术的生产制造执行系统，实现车辆焊接上线、焊接下线、涂装上线、涂装下线、总装上线、组装过程的节点信息自动采集，并将采集的车辆信息实时传递给其他生产控制系统，既提高采集效率与准确率，又实现生产自动协同。对从订单下达到产品完成的整个生产过程进行优化管理。改善企业生产计划的制订和调整，同时提高工厂及时交货的能力。改善设备管理状况，实时监控设备健康情况，确定相关排产派工计划。提高生产过程中的质量控制力度，保证产品交付质量。

项目建设过程严格按照东风柳汽IT软件项目建设方法论进行管控。在规划立项及项目验收阶段，都经过了IT评审，再经由各个业务相关部门的评审，各项评审会签齐全。项目建设阶段由信息系统开发科进行主担，在项目验收后，系统转交信息系统运维科管理。信息系统运维科将对工程管理系统一线（现场问题）、二线（服务器及网络基建）、三线（应需开发）进行运维，保障系统的可持续性运行，实现了本项目的PDCA循环。

东风柳汽是两化融合建设的标杆企业，以大型国有企业的影响力，充分发挥发动机生产线智能化管控系统，为公司带来重大生产制造水平的提高与巨大经济效益的同时，将推动整个发动机制造行业在数字化建设上的品质提升，实现进一步深化发展两化融合的目标，在为国家创造财富的同时，更好地履行了社会责任，成为影响社会公信的全能服务型产业代表。

3.5　拓展阅读

制造企业核心的运营管理系统还包括人力资本管理（Human Capital Management，HCM）系统、客户关系管理（Customer Relationship Management，CRM）系统、企业资产管理（Enterprise Asset Management，EAM）系统、能源管理系统（Energy Management

System，EMS）、供应商关系管理（Supplier Relationship Management，SRM）系统、企业门户（Enterprise Portal，EP）、业务流程管理（Business Process Management，BPM）系统等，国内企业也常把办公自动化（Office Automation，OA）作为一个核心信息系统。为了统一管理企业的核心主数据，近年来主数据管理（Master Data Management，MDM）也在大型企业开始部署应用。实现智能管理和智能决策，最重要的条件是基础数据准确和主要信息系统无缝集成。

相关政策提出以后，信息化与工业化快速融合，信息技术渗透到了离散制造企业产业链的各个环节，条形码、二维码、RFID、工业传感器、工业自动控制系统、工业物联网、ERP、CAD/CAM/CAE/CAI等技术在离散制造企业中得到广泛应用，尤其是互联网、移动互联网、物联网等新一代信息技术在工业领域的应用，离散制造企业也进入了互联网工业的新的发展阶段，所拥有的数据也日益丰富。离散制造企业生产线处于高速运转中，由生产设备所产生、采集和处理的数据量远大于企业中计算机和人工产生的数据量，对数据的实时性要求也更高。

在生产现场，每隔几秒就收集一次数据，利用这些数据可以实现很多形式的分析，包括设备开机率、主轴运转率、主轴负载率、运行率、故障率、生产率、设备综合利用率（OEE）、零部件合格率、质量百分比等。例如，在生产工艺改进方面，在生产过程中使用这些大数据，就能分析整个生产流程，了解每个环节是如何执行的。

企业管理人员需要对生产、流通等各个环节深入了解。智能工厂可以使生产过程中的设备之间实现良好的信息交互，使各个环节紧密配合。智能工厂可以使生产过程中每个环节的生产时间、原料供应以及下一环节的生产情况在设备中及时进行处理。智能化系统平台通过整体的优化，使得各个环节的生产配置最优，各个环节的设备得到高效的利用。未来工厂生产的产品品种会越来越多，工艺也会越来越复杂，这就需要灵活有效的智能排产来管理生产，达到资源的优化配置和设备的最大使用。智能工厂的建立也有利于销售的管理。未来产品的定制化程度会越来越高，因此，每类产品（甚至每个产品）的交付信息在生产之初就已确认，智能工厂将利用自身的物流系统或者外部更为高效的物流系统进行配货，并实时掌握产品的配送进展。客户的信息也能进行及时的反馈，使得企业对于产品的优化变得可能而具体。智能工厂的建立可以提高保障产品的安全的能力。智能工厂建立以后可以使生产过程中的质量信息得到有效的采集，确保产品在出现质量问题时能及时发现问题出现的具体环节、具体设备以及具体的人员，从而进行有效的追踪。与此同时，得益于质量信息的采集，使得企业对于质量的大数据分析变得可能，通过大量产品的数据分析，发现影响质量的关键因素，从而优化生产过程，使得产品的缺陷率降到最低。

讨论与交流

你能列举在哪些企业的智能制造生产中已经应用了智能决策吗？智能决策在维护生产数据方面又发挥了怎样的作用呢？

本章小结

本章主要介绍了智能系统中的智能决策。首先介绍了智能决策的定义；其次介绍了智能决策的技术特征，主要有数据驱动、决策支持、知识推理和人机交互4个方面；最后介绍了智能决策在生产过程中的典型应用。

思考与练习

1. 名词解释

（1）智能决策　　　　　　　　　　（2）结构化决策

（3）知识推理　　　　　　　　　　（4）先进计划与调度

2. 填空题

（1）数据库的发展主要经历了层次模型、_____以及关系模型数据库3个发展阶段。

（2）决策支持技术主要用来解决_____问题，以区别于处理结构化问题的信息系统。

（3）_____是指在计算机或智能系统中，模拟人类的智能推理方式，依据推理控制策略，利用形式化的知识进行机器思维和求解问题的过程。

（4）智能制造的发展离不开_____。

（5）所谓的_____，即由机器人从事精度与重复性高的作业流程，而工人在其辅助下进行创意性工作。

（6）协同设计是先进制造技术中_____运行模式的核心。

（7）推理策略主要包括正向推理、_____和正反向混合推理。

3. 单项选择题

（1）以下（　　）不是智能决策的技术特征。

A. 数据驱动技术　　　　　　　　B. 决策支持技术

C. 知识推理技术　　　　　　　　D. 数据可视化技术

（2）先进计划与调度的简称是（　　　）。

A. APS　　　　　B. MEMS　　　　C. IPS　　　　　D. LPS

（3）以下（　　　）不是智能决策的典型应用。

A. 生产运行管理　　　　　　　B. 协同工艺设计

C. 协同服务　　　　　　　　　D. 质量控制

（4）决策按其性质可分为（　　　）类。

A. 1　　　　　　B. 2　　　　　　C. 3　　　　　　D. 4

（5）推理方法从确定性上分，可分为（　　　）。

A. 演绎推理和归纳推理　　　　B. 精确推理和非精确推理

C. 单调推理和非单调推理　　　D. 演绎推理和非演绎推理

（6）以下（　　　）不属于质量控制方面。

A. 质量监控仪表盘　　　　　　B. 控制图监控与质量对比

C. 质量风险预警　　　　　　　D. 质量预测

4. 简答题

（1）简述智能决策的内涵。

（2）简述智能决策的技术特征。

（3）简述在智能制造系统中的典型智能决策。

5. 讨论题

（1）探讨为什么智能决策是决定智能制造水平的关键。

（2）探讨企业智能决策有哪些特点。

第4章
智能制造之智能服务

案例导入

"智慧茅台"让传统与科技相濡以沫：茅台的变与不变

在信息化与传统生产制造融合发展遍地开花时，作为传统制造类酒企代表的贵州茅台酒股份有限公司（以下简称茅台）早已悄无声息地开启大数据与酒企融合之路，将之融入茅台的生产经营中。2017年，经过茅台公司深思熟虑，一个全新的概念跃入公众视野："智慧茅台"工程。在茅台大数据平台，基酒生产、酒库库存、包装生产、物流配送、营销分析、财务分析、防伪查验以及门店终端等信息都可进行查阅。

目前，"智慧茅台"工程建设正稳步推进：在服务生产上，茅台正围绕制曲、制酒、勾贮、包装、物流等生产环节，着力构建智能化生产系统、网络化分布生产设施，实现生产过程的数字化、智能化，努力打造智慧车间；在服务生活上，目前正建立起人脸识别、茅台生活App等基础性工程；在服务管控上，茅台正利用信息化手段辅助办公，减少与子公司对接的距离阻碍等，加强茅台对子公司的全面管控；在服务外延上，为农户量身打造的茅台原料供应链管理综合应用平台已上线运行，并取得实效，茅台将通过成熟的物联网、互联网+等技术，继续服务于种粮食的农户、供应商、经销商、消费者以及"粉丝"。

4.1 智能服务的定义

人类社会已经历了农业化、工业化、信息化阶段，正在跨越智能化时代的门槛。物联网、移动互联网、云计算方兴未艾，面向个人、家庭、集团用户的各种创新应用层出不穷，代表各行业服务发展趋势的"智能服务"应运而生。

智能服务

智能服务是指能够自动辨识用户的显性和隐性需求，并且主动、高效、安全、绿色地满足其需求的服务。

智能服务实现的是一种按需和主动的智能，即通过捕捉用户的原始信息，通过后台积累的数据，构建需求结构模型，进行数据挖掘和商业智能分析。除了可以分析用户

99

的习惯、喜好等显性需求，还可以进一步挖掘与用户时空、身份、工作生活状态相关联的隐性需求，从而主动为用户提供精准、高效的服务。这里需要的不仅是传递和反馈数据，更需要系统进行多维度、多层次的感知和主动、深入地辨识。

高安全性是智能服务的基础，没有安全保障的服务是没有意义的，只有通过端到端的安全技术和法律法规实现对用户信息的保护，才能建立用户对服务的信任，进而形成持续消费和服务升级。节能环保也是智能服务的重要特征。在构建整套智能服务系统时，如果能最大限度降低能耗、减少污染，就能极大地降低运营成本，使智能服务多、快、好、省，从而产生效益，一方面更广泛地为用户提供个性化服务，另一方面也为服务的运营者带来更高的经济和社会价值。

与智慧地球等从产业角度提出的概念相比，智能服务立足于我国行业服务发展趋势，站在用户角度，强调按需和主动特征，更加具体和现实。我国当前正处于消费需求大力带动服务行业的高速发展期，消费者对服务行业也提出了越来越高的要求，服务行业从低端走向高端势在必行，而要实现产业升级，必须依靠智能服务。智能服务的发展经历了电子化、网络化、信息化、智能服务初级阶段、智能服务高级阶段这5个阶段。智能服务从结构上划分，具有3层结构。

（1）智能层。需求解析功能集：负责持续积累服务相关的环境、属性、状态、行为数据，建立围绕用户的特征库，挖掘服务对象的显性和隐性需求，构建服务需求模型。服务反应功能集：负责结合服务需求模型，发出服务指令。

（2）传送层。传送层负责交互层获取的用户信息的传输和路由，通过有线或无线等网络通道，将交互信息送达智能层的承载实体。

（3）交互层。交互层是系统和服务对象之间的接口层，借助各种软硬件设施，实现服务提供者与服务对象之间的双向交互，向用户提供服务体验，达成服务目标。

智能制造服务是指面向产品的全生命周期，依托于产品创造高附加值的服务。举例来说，智能物流、产品跟踪追溯、远程服务管理、预测性维护等都是智能制造服务的具体表现。智能制造服务结合信息技术，能够从根本上改变传统制造业产品研发、制造、运输、销售和售后服务等环节的运营模式。不仅如此，由智能制造服务环节得到的反馈数据，还可以优化制造行业的全部业务和作业流程，实现生产力可持续增长与经济效益稳步提高的目标。

企业可以通过捕捉客户的原始信息，在后台积累丰富的数据，以此构建需求结构模型，并进行数据挖掘和商业智能分析。可见，智能制造服务实现的是一种按需和主动的智能，不仅要传递、反馈数据，而且要系统地进行多维度、多层次的感知，以及主动、深入地辨识。智能制造服务是智能制造的核心内容之一，越来越多的制造企业已经意识到从生产型制造向生产服务型制造转型的重要性。服务的智能化既体现在企业如何高效、准确、及时地挖掘客户潜在需求并实时响应，也体现在产品交付后，企业怎样对产品实施线上、线下服务，并实现产品的全生命周期管理。在服务智能化的推进过程中，有两股力量相向而行：一股力量是传统制造企业不断拓展服务业务，另一股力量则是互联网企业从消费互联网进入产业互联网，并实现人和设备、设备和设备、服务和服务、人和服务的广泛连接。这两股力量的胜利"会师"，将不断激发智能制造服务领域的技术创新、理念创新、业态创新和模式创新。

4.2　智能服务的关键技术

近年来，人们的生活已经慢慢被智能产品所充斥，例如从智能手机发展到智能手表、智能眼镜，以及物联网下的智能家居等。可见，智能产品已经形成巨大的浪潮，智能制造与产业互联网的融合，也在酝酿着商业模式的颠覆与生活方式的变革，因此智能制造服务等新型行业在未来会得到广泛关注与发展。

智能制造服务是面向产品全部的生命周期，是高度网络连接、知识驱动的制造模式。智能制造服务优化了制造行业的全部业务和作业流程，可实现可持续生产力增长、高经济效益目标。并且，智能制造服务结合信息技术和工程技术，从根本上改变产品研发、制造、运输和销售过程。智能制造技术是在现代传感技术、网络技术、自动化技术、拟人化智能技术等先进技术的基础上，通过智能化的感知、人机交互、决策和执行技术，实现设计过程、制造过程和制造装备的智能化，是信息技术、智能技术与装备制造技术的深度融合与集成。

智能服务是在集成现有多方面的信息技术及其应用的基础上，以用户需求为中心，进行服务模式和商业模式的创新。因此，智能服务的实现需要涉及跨平台、多元化的技术支撑。

4.2.1　识别技术

识别技术也称为自动识别技术，即通过被识别物体与识别装置之间的交互自动获取被识别物体的相关信息，并提供给计算机系统进行进一步处理。识别技术覆盖的范畴相当广泛，大致可以分为语音识别、图像识别、光学字符识别、生物识别以及磁卡、IC卡、条形码、RFID等识别技术。

图像识别技术也称为视觉识别技术，是指利用计算机对图像进行处理和分析，辨识物体的类别并做出有意义的判断。图像识别系统一般包括图像预处理、图像分析和图像识别3个部分。图像预处理包括图像分割、图像增强、图像还原、图像重建和图像细化等诸多内容。图像分析主要指从预处理得到的图像中提取特征，然后分类器根据提取的特征对图像进行匹配分类，做出识别。

光学字符识别（Optical Character Recognition，OCR）是指计算机将文字的图像文件进行分析处理，并最终获得对应文本文件的过程。这是伴随扫描仪技术衍生的一项自动识别技术，可以看作一种特殊的图像识别技术。OCR技术的关键在于识别方法，例如统计特征字符识别方法、结构字符识别方法、神经网络识别方法等。

与物联网关系最为密切的识别技术是RFID以及与之相关的磁卡、条形码、IC卡等识别技术。

识别功能是智能制造服务环节关键的一环，需要的识别技术主要有射频识别技术、基于深度三维图像识别技术，以及物体缺陷自动识别技术。基于三维图像的物体识别的任务是识别出图像中有什么类型的物体，并给出物体在图像中所反映的位置和方向，是对三维世界的感知理解。在结合了人工智能科学、计算机科学和信息科学之后，三维物体识别是智能制造服务系统中识别物体几何情况的关键技术。

4.2.2　实时定位系统

实时定位系统可以对多种材料、零件、工具、设备等资产进行实时跟踪管理。在生产过程中，需要监视在制品的位置行踪，以及材料、零件、工具的存放位置等。因此，在智能制造服务系统中需要建立一个实时定位网络系统，以完成生产全程中角色的实时位置跟踪。

在实际的产品生产过程中，企业要对所有的产品、原材料、设备等进行实时跟踪管理，但是又无法应用人工手段，因而需要建立相应的实时定位系统。而智能制造中的无线射频技术就能实现这一目标。通常，实时定位系统由信号接收器和发射器等设备组成。目前，实时定位系统还会利用光学、声学技术实现信号定位，如超声、红外、超宽带等。不同定位技术的频率、带宽、穿透性、抗干扰能力都有所不同。如清华同方的RFID资源管理跟踪系统通过使用RFID标签、读写器和软件来对企业资源进行监测，帮助其提高效益及投资回报率。该系统由阅读器和RFID标签组成，用于完成免打扰的信息采集和识别。软件系统包括应用软件和接口引擎两部分，用于完成信息采集、数据加工、位置信息实时显示等功能，从而实现管理人员能实时地监测到整个企业资源的状态，包括人员位置、各种设备使用情况，还能兼顾安全出入管理。这样方便管理人员对相关重要资源进行调整和分配。

4.2.3　信息物理融合系统

信息物理融合系统是一个综合计算、网络和物理环境的多维复杂系统，通过3C

（Computation、Communication、Control）技术的有机融合与深度协作，实现大型工程系统的实时感知、动态控制和信息服务。

信息物理融合系统具有自适应性、自主性、高效性、功能性、可靠性、安全性等特点和要求。物理构建和软件构建必须能够在不关机或停机的状态下动态加入系统，同时保证满足系统需求和服务质量。比如一个超市安防系统，在加入传感器、摄像头、监视器等物理节点或者进行软件升级的过程中不需要关掉整个系统或者停机就可以动态升级。信息物理融合系统应该是一个智能的有自主行为的系统。信息物理融合系统不仅能够从环境中获取数据，进行数据融合，提取有效信息，而且能根据系统规则通过效应器作用于环境。

信息物理融合系统也可称为CPS。CPS包含环境感知、嵌入式计算、网络通信等多种系统工程，主要应用于智能系统，如物联传感。CPS的应用彻底改变了传统的产品生产理念。另外，CPS还是工业4.0发展的核心内容，能够助力于智能车间、工厂的构建。

简单来说，CPS就是"互联网+制造"的智能化系统。在新的工业革命中，CPS将会成为实现智能制造系统的关键技术。CPS应用在产品生产过程中，能够实现产品、设备数据信息与企业信息系统的融合，并将生产数据传送到云计算中心。准确地说，产品生产线中的传感器会及时收集生产信息，然后通过无线通信将这些数据传送至数据处理中心。相比于传统的产品生产模式，管理人员能够迅速获知产品出了什么故障，哪里需要配件，从而实现真正的生产智能化管理。另外，CPS还能帮助企业进行消费者数据和企业生产数据信息的分析，经过数据挖掘、设备调整等工作流程之后就能生产出具有个性化的产品。总的来说，CPS是智能制造中的关键技术，也是现代工业革命发展的重点技术。

4.2.4　网络安全技术

数字化推动了制造业的发展，在很大程度上得益于计算机网络技术的发展，与此同时也给工厂的网络安全构成了威胁。以前习惯于纸质的熟练工人，现在越来越依赖于计算机网络、自动化机器和无处不在的传感器，而技术人员的工作就是把数字数据转换成物理部件和组件。制造过程的数字化技术资料支撑了产品设计、制造和服务的全过程，必须加以保护。

计算机网络安全技术简称网络安全技术，致力于解决诸如如何有效进行介入控制，以及如何保证数据传输的安全性的技术手段，主要包括物理安全分析技术、网络结构安全分析技术、系统安全分析技术、管理安全分析技术，以及其他的安全服务和安全机制策略。计算机网络安全技术的分类有以下几种。

（1）虚拟网技术。

虚拟网技术主要基于近年发展的局域网交换技术。交换技术将传统的基于广播的局域网技术发展为面向连接的技术。因此，网管系统有能力限制局域网通信的范围而无须通过开销很大的路由器。

（2）防火墙技术。

网络防火墙技术是一种用来加强网络之间访问控制，防止外部网络用户以非法手段通过外部网络进入内部网络、访问内部网络资源，从而保护内部网络操作环境的特殊网络互联设备。它对两个或多个网络之间传输的数据包如链接方式按照一定的安全策略来实施检查，以决定网络之间的通信是否被允许，并监视网络运行状态。防火墙产品主要有堡垒主机、包过滤路由器、应用层网关以及电路层网关、屏蔽主机防火墙、双宿主机等类型。

（3）病毒防护技术。

病毒历来是信息系统安全的主要问题之一。由于网络的广泛互联，病毒的传播途径更多样和传播速度更快。

病毒的传播途径分为：通过FTP、电子邮件传播；通过软盘、光盘、磁带传播；通过Web浏览器传播，主要是恶意的Java控件；通过群件系统传播等。

病毒防护的主要技术为：①阻止病毒的传播。在防火墙、代理服务器、SMTP服务器、网络服务器、群件服务器上安装病毒过滤软件；在PC上安装病毒监控软件。②检查和清除病毒。使用防病毒软件检查和清除病毒。③病毒数据库的升级。病毒数据库应不断更新，并下发到桌面操作系统。④在防火墙、代理服务器及PC上安装Java及ActiveX控制扫描软件，禁止未经许可的控件下载和安装。

（4）入侵检测技术。

利用防火墙技术经过仔细的配置，通常能够在内外网之间提供安全的网络保护，降低网络安全风险。但是，仅仅使用防火墙来保障网络安全还远远不够，比如入侵者可寻找防火墙背后可能敞开的"后门"，入侵者可能就在防火墙内等。由于性能的限制，防火墙通常不能提供实时的入侵检测能力。

入侵检测技术是近年出现的新型网络安全技术，目的是提供实时的入侵检测及采取相应的防护手段，如记录证据用于跟踪和恢复、断开网络连接等。实时入侵检测能力之所以重要，是因为首先它能够对付来自内部网络的攻击，其次它能够延长入侵者入侵的时间。

入侵检测系统可分为基于主机和基于网络的入侵检测系统。

（5）安全扫描技术。

在网络安全技术中，另一类重要技术为安全扫描技术。安全扫描技术与防火墙、安全监控系统互相配合能够提供很高安全性的网络。安全扫描工具通常也分为基于主机和基于网络的扫描器。

（6）认证和数字签名技术。

认证技术主要解决网络通信过程中通信双方的身份认可。数字签名作为身份认证技术中的一种具体技术，同时还可用于通信过程中的不可抵赖要求的实现。

数字签名作为验证发送者身份和消息完整性的依据。公共密钥系统（如RSA）基于私有/公共密钥对，作为验证发送者身份和消息完整性的依据。CA使用私有密钥计算其数字签名，利用CA提供的公共密钥，任何人均可验证数字签名的真实性。伪造数字签名从计算能力上是不可行的。

（7）VPN技术。

企业有对虚拟专用网（Virtual Private Network，VPN）技术的需求。企业总部和各分支机构之间通过Internet进行连接，由于Internet是公用网络，因此，必须保证其安全性。我们将利用公共网络实现的私用网络称为虚拟私用网。

想要解决网络安全问题，需要从以下两个方面入手。

（1）确保服务器的自主可控。服务器作为国家政治、经济、信息安全的核心，其自主化是确保行业信息化应用安全的关键，也是构筑我国信息安全长城不可或缺的基石。只有确保服务器的自主可控，满足金融、电信、能源等对服务器安全性、可扩展性及可靠性有严苛标准行业的数据中心和远程企业环境的应用要求，才能建立安全可靠的信息产业体系。

（2）确保IT核心设备安全可靠。目前，我国IT核心产品仍严重依赖国外企业，信息化核心技术和设备仍受制于人。只有实现核心电子器件、高端通用芯片及基础软件产品的国产化，确保核心设备安全可靠，才能不断把IT安全保障体系做大做强。

4.2.5　协同系统服务技术

1. 协同制造

协同制造是充分利用网络技术和信息技术，实现供应链内及跨供应链的企业产品设计、制造、管理和商务合作的技术。协同制造通过改变业务经营模式与方式，实现资源的充分利用。

协同制造是基于敏捷制造、虚拟制造、网络制造等的现代制造模式，它打破了时间和空间的约束，通过互联网使整个供应链上的企业、合作伙伴共享客户、设计和生产经营信息。协同制造技术使传统的生产方式转变成并行的工作方式，从而最大限度地缩短产品的生产周期，快速响应客户需求，提高设计、生产的柔性。

按协同制造的组织分类，协同制造分为企业内的协同制造和企业间的协同制造。按协同制造的内容分类，协同制造又可分为协同设计、协同供应链、协同生产和协同服务。

2. 协同服务

协同服务是协同制造的重要内容之一。协同服务包括设备协作、资源共享、技术转移、成果推广和委托加工等模式的协作交互，通过调动不同企业的人才、技术、设备、信息和成果等优势资源，实现集群内企业的协同创新、技术交流和资源共享。

协同服务可最大限度地减少地域对智能制造服务的影响。通过企业内和企业间的协同服务，顾客、供应商和企业都参与到产品设计中，可大大提高产品的设计水平和可制造性，有利于降低生产经营成本，提高产品质量和客户满意度。这需要大型制造工程项目复杂的自动化系统整体方案设计技术、安装调试技术、统一操作界面和工程工具的设计技术、统一事件序列和报警处理技术、一体化资产管理技术等相互协同来完成。

在21世纪，随着科技的发展，智能制造服务也在不断创新和演变，未来仍需要使用很多技术和解决很多技术问题。不过可以确定的是，智能制造服务的发展方向是以实时、可靠、高效、低成本为基础的，而这些因素都将帮助我国的制造业迎来新的时代。

4.3 智能服务的典型案例

4.3.1 个性化定制

个性化定制是指用户介入产品的生产过程，以获得用户自己定制的个人属性强烈的商品或获得与其个人需求匹配的产品或服务。例如，各类文化衫就是将用户指定的图案和文字印刷到指定的T恤上，使用户获得与众不同的穿着体验。

大规模个性化定制智能制造是指为满足消费者日益增加的个性化定制需求，为消费者提供整体解决方案，提供更加环保、健康、高品质的产品。智能化生产车间实现人、机器、物料、产品全面联网，通过实时感知、实时指挥、实时监控，全面提升生产效率。

首先，个性化定制已经悄然成为消费品行业的发展主流，个性化的需求推动着定制生产制造朝着智能化的方向前行。这对于制造企业来说，既是机遇，也是挑战。由于每个客户的环境、风格、需求、爱好等都因人而异，各不相同，因此定制都具有独特的个性化需求，也就不容易进行大规模生产，从而使得交货期大为延长，影响客户满意度。

其次，个性化定制是针对行业及客户需求优化作业流程，在满足客户个性化的同时提升效率，打造快捷、高效的系统。应全面规划作业流程、工厂布局图，根据需求寻找合适的设备厂商定制机械设备，而不是简单地采用市面上的通用设备。需要在制造设备上实现柔性化。

实现工厂的自动化，数据采集是第一步，其中涉及订单和设备数据。从测量、设计等开始，在这一过程中，客户也会全程参与设计，是真正的个性化定制。由于环境、布局、客户需求各不相同，测量、设计出来的数据也千差万别。另一个是工厂内的设备感知系统，需要对设备每天的转速、速度、压力、温度等参数进行实时采集，从而自动指导生产过程中的换刀时间、设备维护等，提前预防不良品的产生，进一步提升生产效率。

工业4.0作为德国国家高科技发展战略之一，面向的是未来很长一段时间的工业发展趋势，它把灵活、个性化定制等特征放在显著重要的位置是不无道理的。全球的商业环境都在发生变化，随着网络化的进一步加速，实际上不管是新一代的人群还是老一代的人群都开始希望有更多个性化的主张，更加愿意表达自己个性化的观点，更加关注自己个性化的需求。微信、微博等这样的自媒体使更多的人可以彰显自己的个性。对于实物产品个性化趋势也在不断增强，虽然未来不可能做到所有产品完全的个性化，但是个性化以及更多的小批量、多品种这个趋势已经无法阻挡。

实际上，小批量、多品种以及个性化的趋势并不是因为"工业4.0"而来，它早已出现，并且已经在改变着供应链设计、工厂设计以及生产线的设计。下面以一个案例来说明具体如何实现个性化定制。

汽车行业在个性化定制方面显然是比较靠前的，其实不仅仅汽车行业能做到这样，其他许多行业也在进行同样的探索，比如电子行业。读者如果对工控产品比较熟悉就会知道有一种电磁式的接近传感器，生产这种接近传感器的厂家都会有很多不同的型号，而在生产这种传感器时每天可能需要切换十几次不同的型号。有的厂家早在若干年前就可以轻松地应对这样的情况了。

个性化定制仍需先从产品设计入手。为了做到小批量、多品种，首先要做的不应是去真正地差异化它们，相反应是标准化它们。比如一家公司所有的接近传感器的印制电路板（Printed-Circuit Board，PCB）是一模一样的，区别仅在于上面安装的零件不同，这就带来了一个非常好的优势——不需要切换PCB。那么又该如何保证不同的PCB上按照不同的型号安装不同的零件呢？他们把所有的零件准备在表面安装技术（Surface Mount Technology，SMT）机上，这样产品型号的差异完全根据相同的PCB上不同的条码来实现。在生产线的最开始，机器先自动扫描条码，在识别了条码之后，SMT机会自动切换程序去安装相应型号产品的零部件，而当机器读取到不同型号的时候就会自动切换程序去贴装相应型号产品所需要的零件，这样就做到了生产不同型号的产品时的0s切换。在贴装完成之后，仍然根据型号的不同自动切换安装不同的感应磁芯，磁芯的设计也尽量标准化，但是其与贴装完成的PCB的组合会形成更多不同型号的产品。接下来的工序是装入套管并注胶，这也是机器根据产品条码不同而进行自动切换的。在进行产品测试时也是如此，检测设备会根据不同的产品型号自动选择不同的测试指标进行测试。

这个例子再次说明，必须把产品设计、工艺设计、物流设计、装备设计同时进行考虑，并且围绕标准化、模块化来进行，使得生产流程具备能够实现0s全自动切换的能力，从而得到非常高效的小批量、多品种的生产模式。

面对个性化定制以及小批量、多品种的订单需求并不是无计可施的，可以通过大数据分析技术分析客户的需求，再将之反馈到生产中，为生产过程提供订单预测信息和进行预分配，从而满足客户广泛的需求。

个性化定制需在产品生产之前通过大数据分析感知用户的情景信息，快速洞察用户需求及兴趣点，针对客户的个性化需求进行参数配置、优化和建模，从而精准地向用户提供制造服务的主动推荐、检查和建议。

4.3.2　产品远程运维

在线状态监测系统越来越多地应用于制造行业，对产品的维护起到了重要作用。通过加装传感器，产品生产厂商可以实时收集监测数据用于后续的分析工作。尤其在汽车领域，大量在役产品在整个生命周期中持续回传各种类型的数据，使得数据的积累速度非常快，数据容量呈现出爆炸性的增长趋势。如何通过这些数据分析重大故障或事故与相关的客户行为，以及时发现异常征兆提供主动服务，是制造型企业向服务型企业转型的重要需求。

大型装备、汽车的生产制造过程和产品运行过程中采集的数据越来越多，但利用效果差，尤其是异常征兆难以通过大数据的实时检测分析来及时发现。

以工业用天然气压缩机的全生命周期数据管理为例，压缩机机械本体是压缩机执行部分，包括框架、主机、辅机等。传感器是采集压缩机各种信息的系统，主要包括状态传感器组、压缩机保护/报警传感器组、远程监测传感器组。基于这些传感器，可以远程监测压缩机运行工况、状态、衰老、故障等。现场分布式控制器包括各种输入输出模块、模数转换模块、可编程逻辑控制器、扩展模块等。以汽轮机为例，其使用寿命长达20～30年，汽轮机设备上遍布温度、速度、压力、位移、振动等多个工况数据采集装置。产品交付给用户后，由于地域、时间和任务的不同，用户会以不同的方式操作产品，这种操作行为的差异将通过监测数据反映出来，而用户的行为差异则为异常征兆等的发现提供了依据。异常征兆检测发现模型与算法通过对大规模同类产品的监测数据进行群体统计分析和个体对比分析，得到不同工况在度量指标体系下的典型值，并利用关联模型和可视化工具，展现产品运行和状态异常特征，支持专业技术人员从海量监测数据中寻找最值得关注的异常征兆，降低数据分析门槛，提高分析效率。在异常发现后，通过对全体产品进行群体分析，得到产品群体状态监测数据的基线。然后通过度量个体产品的数据与群体产品的基线之间的差异，从而发现异常数据，便于产品生产厂商了解设备的运行情况和质量问题，也便于产品用户了解其所拥有的产品的正常情况。异常检测构件通过对每件产品的每次开机切片的监测数据进行特征提取得到基础度量指标。所有产品的所有开机切片构成一个群体。

4.3.3　设备运行监控

1. 人工现场监控监测

设备的日常运行需要人工现场监测，利用点检机、手持红外热像仪、振动测量仪等监测工具进行现场设备状态监测和数据采集，并与后台系统实现数据交互。后台系统是一个用于数据分析和决策的服务器，主要进行检测结果的分析、归纳，为最后的设备检修和维护决策提供支持。它可帮助管理人员提高监控监测的工作效率和分析决策的准确性。

2. 在线监控监测

除了利用可移动设备进行状态检测，系统还需支持企业根据设备具体情况确定诊断内容和相应的监测手段，然后选配与之相应的各种状态监测传感器，如视频监控、测震、测温、测转速等，直接将测量数据进行在线采集。各企业、各车间可根据自身具体情况有针对性地选择在线监测监控传感器。

4.3.4　装备异常监测

在以往的设备运行过程中，其自然磨损本身会使产品的品质发生一定的变化。由于信息技术、物联网技术的发展，现在可以通过传感技术实时感知数据，知道产品出了什么故障，哪里需要配件，使得生产过程中的这些因素能够被精确控制，真正实现生产智能化。因此，在一定程度上，工厂/车间的传感器所产生的大数据直接决定了工业4.0所要求的智能化设备的智能水平。

此外，从生产能耗角度来看，设备生产过程中利用传感器集中监控所有的生产流程，能够发现能耗的异常或峰值情况，因此能够在生产过程中不断实时优化能源消耗的同时，对所有流程的大数据进行分析，将在整体上大幅降低生产能耗。

传统统计过程控制（Statistical Process Control，SPC）监控虽然也涵盖设备参数，但有时设备仍然会出现问题，工程师也不知道设备出现问题如何处理最有效。此时可以通过大数据分析运用设备维修日志，找出发生设备异常的模式，监控并预测未来故障概率，以便工程师可以即时执行最优决策。

无所不在的传感器、互联网技术的引入使得设备实时诊断成为现实，大数据应用、建模与仿真技术则使得预测动态性成为可能。

通过分布在生产线不同环节的传感器可实时采集制造装备运行数据，并进行建模分析，及时跟踪设备信息，如实际健康状态、设备表现或衰退轨迹等，进行故障预测与诊断，从而减少这些不确定因素造成的影响，降低停产率，提升实际运营生产力。

4.4 智能服务的发展趋势与重点研究领域

4.4.1 智能制造服务的发展趋势

智能制造的巨大浪潮与产业互联网的融合正在酝酿着崭新的商业模式，以期带来用户需求的颠覆与生活方式的变革。在未来，智能制造服务等新兴行业必会得到广泛关注与发展。装备制造业服务系统的设计架构如图4-1所示。

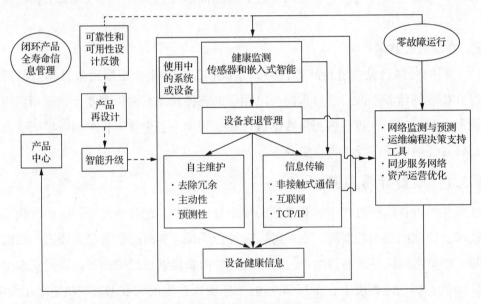

图4-1　装备制造业服务系统的设计架构

4.4.2 智能制造服务的重点研究领域

智能服务应用的四大领域，其一是汽车。在汽车领域，智能服务得到了越来越广泛的应用。如车载电子信息设备的数据安全保障、更快的新一代汽车互联网络、多方面的智能汽车应用、提高公共交通工具售票系统的兼容性等。其二是美好生活。实现生活领域的智能服务，除了要开发各类服务软件，还需要开发用于数据收集和交换的智能硬件设备以及智能平台。目前，在生活用品中逐渐加入处理器和内置系统促进了这一趋势的发展。其三是智能生产。如城市内生产和个性化生产、互联机器间通信、广泛应用VR

和AR设备等。其四是跨行业科技。"智能服务世界"报告中的跨行业科技主要是指一些数字化平台、生态系统或线上市场，企业可以在这些平台上提供商品、数据以及一些最新的智能服务。同时，他们也可以在上面获得自己所需要的商品和服务。

未来，产品价值将最终被服务价值所代替。每个企业都应借助工业互联网的兴起和它日益完善的功能，在优化提升效率、获取可观收益之后，创新服务模式，并且不断探索，为服务模式的创新奠定坚实的实践经验和数据基础。

对传统制造企业来说，实现智能制造服务可从3个方向入手：一是依托制造业拓展生产型服务业，并整合原有业务形成新的业务增长点；二是从销售产品向提供服务及成套解决方案发展；三是创建公共服务平台、企业间协作平台和供应链管理平台等，为制造业专业服务的发展提供支撑。

4.5　典型案例

【案例1　产品远程监控系统助推济柴向智能服务转型】

中国石油集团济柴动力有限公司（以下简称济柴）始建于1920年。济柴是中石油下属的动力装备研发制造企业，也是我国内燃机行业中涉足石油钻采领域的企业，是获得大功率内燃机金牌产品称号的企业。企业一直致力于实现发动机/压缩机运行状态监测、维护保养提醒、故障报警、故障预警、异常分析、音视频协同、移动应用、知识库和统计分析等功能，实时监测、记录产品的运行状态，预测运行参数变化趋势，使客服人员、用户和技术人员及时准确掌握产品运行情况，降低产品故障率，并通过接入现场音、视频为用户提供故障诊断与维修、维护保养、零配件供应等一体化技术服务，助推企业向服务型制造转型。

发动机物联网解决方案由设备与适配器组成的数据采集层、以GARDS云平台为依托的数据处理层、以FIDIS为核心的数据应用层3个模块组成，通过把互联网技术融合进发动机的控制系统，实现高效、环保、安全的监管。其主要有以下几个应用。

远程数据监测与记录：监测发动机油压、水温，发动机频率、电压、功率等数据。

故障记录与自动报障：采集、统计发动机报警/预警信息，并生成维修工单。

机组定期维护提醒：根据发动机维护记录，自动提醒维修人员做机组维护。

大数据分析：通过大数据实现故障预警，为下一代产品升级提供数据支撑。

专家系统：专家一对一远程会诊，根据监测数据或客户现场情况反馈快速定位问题。

产品远程监测系统的建设，实现了济柴动力发动机、发电机组及电站运行状态的数据采集、趋势分析、故障预警与设备的运维管理、远程技术支持、关键指标统计分析等功能。

【案例2　制造业服务化转型开启智能服务新时代】

近年来，随着制造业进入"买方市场时代"，许多行业产能过剩，客户需求日趋个性化，越来越多的制造企业开始将"服务化"作为其增长的新动能。特别是随着智能制造的大力推进，大数据、VR和物联网等新兴技术的广泛应用，以及一系列支持服务业发展的政策措施的出台，促进了制造业服务化的创新发展，实现了从"被动"到"主动"的智能服务模式，也为企业向服务化转型提供了新的机遇。

当前制造企业应用的智能服务模式主要是：基于传感器和物联网感知产品的状态，从而进行预防性维修维护，并及时帮助客户更换备品备件，甚至通过了解产品运行的状态，帮助客户带来商业机会。将这种服务模式应用得比较成熟的是设备制造商，例如三一重工、星邦重工等企业都已实现了设备的远程监控、故障诊断等。另外，部分用户和专业的维修企业也开展了这方面的应用。与此同时，一些行业"巨头"也已洞察到基于物联网的智能服务市场的广阔前景，并开发了专业的平台。

通过开发面向客户服务的App，可促进客户购买除智能硬件产品本身以外的附加内容与服务，并针对企业购买的产品提供针对性的服务，从而锁定用户。在这方面，家电、机械、快消品等行业都已有相关实践。如小米手机不但通过App进行产品的营销，也通过打造App商店来打造产业生态圈。中联重科为塔机自主开发的App，可帮助客户对塔机的运行情况进行掌控，并通过App的中联塔机"粉丝"论坛发布、接收设备供求信息。海尔、茅台、华新水泥等企业也推出了各种客户服务App，在为客户提供个性化服务的同时，促进对其他产品的交叉营销。

通过将企业闲置的设计、制造、检测、试验、维修维护、设备租赁、三维打印、工程仿真和个性化定制等服务借助互联网平台发布出去，承接外包服务，可以使资源得到充分利用。这种模式也极大地受到制造企业的欢迎，当前已有很多制造企业借助e-works开发的工业服务平台——优质网，发布或寻求制造资源，从而实现服务双方的共赢。

此外，智能服务模式还包括通过采集产品运营的大数据，辅助企业进行市场营销决策；结合AR/MR技术进行智能维修；从卖产品转为卖服务，按产品的服务绩效收费等。

4.6 拓展阅读

随着传统工业巨头的衰落和新兴"数字原生"企业的崛起，企业的竞争力正在被重新定义。对制造企业来说，硬件产品和实体资产已经不再是企业竞争力的必然保证：一方面，重资产的多少已经不等同于企业优势和实力；另一方面，硬件产品的价值正在不断向服务和软件迁移。制造企业必须重新审视和定义自身的竞争力，寻找新的增长动能。

智能制造时代，人、产品、系统、资产和机器之间建立了实时的、端到端的、多向的通信和数据共享；每个产品和生产流程都可以自主监控，感知、了解周边环境，并通过与客户和环境的不断交互进行自主学习，从而创造出越来越有价值的用户体验；企业也能实时了解客户的个性化需求，并及时做出反应。这种基于数据的智能化给制造业带来的变化不仅是生产效率的提升，还会在传统的产品之外衍生出新的产品和服务模式，开辟全新的增长空间，制造业的运营模式和竞争力也会被重新定义。

因此，建立完善的智能制造服务体系是企业在现今时代重塑竞争力的重要路径。面向共性需求，建立智能制造综合服务发展模式及平台运营机制。打通上下游产业链与服务链，支持面向智能制造领域的服务定制和服务交易。支持各类环节实时在线服务，打造贯通智能制造全行业、全流程、全要素的服务体系。

一、智能服务的分层结构

服务系统是信息交互、信息传送、执行反馈相互协作的系统。智能服务就是把服务系统全过程智能化。在智能服务中，信息感应与服务反应不再是简单的"传感—传输—应用"技术组合与堆砌，而是面向一个服务系统的，具备与对象进行信息交互、需求判断与功能选择的联动系统。当在执行反馈中加入需求解析与服务反应功能集时，它就变成了智能层，从而使整个系统在功能上实现智能服务。智能服务的体系结构可以分为3层：交互层、传送层、智能层。

智能服务的实施过程是一个复杂的系统工程，它的实施需要整合跨平台技术资源才能够实现。首先，要建设标准的信息基础架构，包括使信息能够容易获取的感知设备、随时随地可接入的网络、海量的存储和弹性的计算等设施，实现信息的获取、传送、存储、计算等设施的无缝连接，为提供智能服务打下基础。其次，需要数据采集和积累的过程，但凡挖掘用户的需求，一定要基于海量的数据，没有大量的数据，智能服务难为"无米之炊"。服务进入智能化阶段，企业之间必须实现基于标准的数据的开放和共享，促进数据流通，占有广泛数据。数据流通在未来只有达到可以跨界的流通，才能够普遍地达到智能服务的境界。这种开放和共享没有标准是不可能达成的。最后，通过大数据分析获得"智慧"，为企业提供智能服务。

二、智能服务的生态结构

智能服务不是提供单一产品、技术或服务，而是提供一个服务框架，围绕不同的行业以及每个行业的不同业务可以衍生出无穷的智能服务，所以智能服务是一个大的生态系统，是未来行业产业创新集群的集中体现。这个生态圈，除了政府主导，行业业主和最终用户参与，还需要多个角色的参与，就像自然生态圈一样，不同的角色在智能服务生态圈中各自起着不同的重要作用，维持着"生态平衡"。这些主要角色有政府监管部门、数据挖掘分析外包服务商、行业企业应用方案供应商、软件平台供应商、硬件基础设施供应商、运营服务商、用户保障服务商等。

三、智能服务重点领域

1. 工业互联网

工业互联网是连接工业全系统、全产业链、全价值链，支撑工业智能化发展的关键基础设施，是新一代信息技术与制造业深度融合所形成的新兴业态和应用模式，是互联网从消费领域向生产领域、从虚拟经济向实体经济拓展的核心载体。

2017年11月，《国务院关于深化"互联网+先进制造业"发展工业互联网的指导意见》印发，文件指出，工业互联网作为新一代信息技术与制造业深度融合的产物，日益成为新工业革命的关键支撑和深化"互联网+先进制造业"的重要基石，对未来工业发展产生全方位、深层次、革命性影响。工业互联网通过系统构建网络、平台、安全三大功能体系，打造人、机、物全面互联的新型网络基础设施，形成智能化发展的新兴业态和应用模式，是推进制造强国和网络强国建设的重要基础。

2. 智能物流

随着电子商务的发展和智能服务的不断推进，智能物流成为服务业智能化的首要行业。

艾媒咨询数据显示，2017年我国智能物流行业市场规模达3 380亿元人民币，较2016年增长21.1%。预计未来我国智能物流行业市场规模保持持续高速增长，2020年我国智能物流行业市场规模已近6 000亿元人民币。在工业4.0和大数据的背景下，需求被不断激发，我国智能物流行业未来有望迎万亿级大市场。

智能物流是未来的趋势。在过去的20多年里，我国物流行业在快速地发展。随着"互联网+"时代的到来，以及大数据、人工智能、无人配送等技术的发展，可以使未来的物流行业更加高效。随着我国在智能物流行业的投入加大，国内市场未来10年到15年会是一个快速腾飞的时期，同时我国智能物流在未来的10年到15年，将会在全球广泛布局，在世界物流中占据重要位置。

智能服务是在集成现有多方面的信息技术及其应用基础上，以用户需求为中心进行服务模式和商业模式的创新。

讨论与交流

当前人工智能重点聚焦在哪几大领域？在现实生活中又有哪些有趣的应用？

本章小结

本章主要阐述了智能服务的内涵。首先重点讲解了智能服务的关键技术，包括识别技术、实时定位、信息物理融合、网络安全技术和协同系统服务技术；其次介绍了个性化定制、产品远程运维、设备运行监控、装备异常监测等智能服务典型；最后介绍了智能服务的发展趋势和重点研究领域。

思考与练习

1. 名词解释

（1）智能服务 （2）识别技术

（3）图像识别技术 （4）网络安全技术

（5）个性化定制 （6）信息物理融合系统

（7）在线监控检测 （8）数据可视化

2. 填空题

（1）智能服务从结构上划分，具有3层结构：＿＿＿＿＿＿、传送层、交互层。

（2）＿＿＿＿＿＿是面向产品全部的生命周期，是高度网络连接、知识驱动的制造模式。

（3）与物联网关系最为密切的识别技术是RFID以及与之相关的磁卡、条形码、＿＿＿＿＿＿等识别技术。

（4）信息物理融合系统是一个综合计算、网络和物理环境的多维复杂系统，通过3C（Computation、＿＿＿＿＿＿、＿＿＿＿＿＿）技术的有机融合与深度协作，实现大型工程系统的实时感知、动态控制和信息服务。

（5）信息物理融合系统具有＿＿＿＿＿＿、＿＿＿＿＿＿、高效性、功能性、可靠性、安全性等特点和要求。

（6）实现工厂的自动化，＿＿＿＿＿＿是第一步，其中涉及订单和设备数据。

（7）＿＿＿＿＿＿也可称为CPS。CPS就是"互联网+制造"的智能化系统。

（8）按协同制造的内容分类，可分为＿＿＿＿＿＿、协同供应链、＿＿＿＿＿＿和协同服务。

3. 单项选择题

（1）智能服务的发展经历了（　　　）个阶段。

A. 2 B. 3 C. 4 D. 5

（2）（　　　）负责交互层获取的用户信息的传输和路由，通过有线或无线等各种网络通道，将交互信息送达智能层的承载实体。

A. 智能层 B. 传送层 C. 交互层 D. 运输层

（3）计算机网络安全技术的分类有（　　　）种。

A. 5 B. 6 C. 7 D. 8

（4）病毒的传播途径有（　　　）种。

A. 2 B. 3 C. 4 D. 5

（5）智能服务应用的四大领域其中之一是（　　　）。

A. 汽车　　　　　B. 超市　　　　　C. 商场　　　　　D. 火车

4. 简答题

（1）简述协同系统服务技术的主要内容。

（2）简述个性化定制的发展历程及应用领域。

（3）简述设备运行监控的主要过程。

（4）简述智能制造服务基础的共性技术。

5. 讨论题

（1）探讨当前制造企业应用的智能服务模式主要有哪些。

（2）探讨智能制造与智能服务的关系以及智能服务的价值。

📋 **案例导入**

宝沃：中德智造示范工厂

宝沃汽车作为"德国制造"的一个代表，实现了工业4.0智能工厂的部署，以先进的智能制造体系，入选我国工信部发布的"2017年中德智能制造合作试点示范项目"。

宝沃智能工厂采用先进的八车型柔性化生产线，在具备强大灵活生产性能的同时可实现多车型共线生产，并打造个性化定制车型的生产及开发，集冲压、焊装、涂装、总装、检测和物流六大工艺流程于一身。

宝沃的柔性化生产拥有17种颜色系统，可实现汽油、混合动力、纯电动等左右舵车型生产，其"柔性制造"可实现自行优化整体网络，并自行适应实时环境变化及客户个性化需求。整个车间拥有先进的自动化技术，近550台机器人完成冲压、传输、车身点焊、油漆喷涂等过程的作业。通过智能化生产体系，以及物联网化的生产设施，最终实现企业供应链、制造等环节数据化、智慧化，以及达到高效生产及满足个性化需求的目的。

在质量管控方面，宝沃智能工厂在德国DIN、VDA严苛的质量标准下，开发了BQMS宝沃质量管理系统：通过18道在线控制点、34道质量控制点、16个质量门、1075项整车检验，运用自动化、信息化技术和云平台，实现整车质量保证体系数字化，并在智能物流方面实现了大规模个性化定制生产，订单交付周期最短23天。

5.1 智能工厂

5.1.1 智能工厂概述

智能工厂是当今工厂在设备智能化、管理现代化、信息计算机化的

智能工厂

基础上达到的新的阶段，其内容不但包含上述智能设备和自动化系统的集成，还涵盖了企业管理信息系统的全部内容，包括人事系统、财务系统、销售系统、调度系统等。

智能生产是智能制造的主线，而智能工厂是智能生产的主要载体。随着新一代人工智能的应用，今后20年，我国企业将要向自学习、自适应、自控制的新一代智能工厂进

军。在今后相当长一段时间里，生产线、车间、工厂的智能升级将成为推进智能制造的主要战场。

5.1.2　智能工厂的特征

智能工厂是实现智能制造的重要载体，主要通过构建智能化生产系统、网络化分布生产设施实现生产过程的智能化。智能工厂已经具有了自主能力，可自主进行采集、分析、判断、规划等；通过整体可视技术进行推理预测，利用仿真及多媒体技术，将实境扩增展示设计与制造过程。系统中各组成部分可自行组成最佳系统结构，具备协调、重组及扩充特性。系统具备了自我学习、自行维护能力。因此，智能工厂实现了人与机器的相互协调合作，其本质是人机交互。智能制造和智能工厂涵盖的领域很多，系统极其复杂，一个真正的智能工厂应该是精益、柔性、绿色、节能和数据驱动的，能够适应多品种、小批量生产模式的工厂。智能工厂不是无人工厂，而是少人化和人机协作的工厂。"智能工厂"是智能工业发展的新方向，其特征体现在制造生产上。

1. 系统具有自主能力

可采集与理解外界及自身的资讯，并分析判断及规划自身行为。

2. 整体可视技术的实践

结合信号处理、推理预测、仿真及多媒体技术，将实境扩增展示现实生活中的设计与制造过程。

3. 协调、重组及扩充特性

系统中各部分可依据工作任务，自行组成最佳系统结构。

4. 自我学习及维护能力

通过系统自我学习功能，在制造过程中落实资料库补充、更新，自动执行故障诊断，并具备对故障排除与维护，或通知相关系统执行的能力。

5. 人机共存的系统

人机之间具备互相协调合作关系，各自在不同层次之间相辅相成。

5.1.3　智能工厂的建设模式

由于各个行业生产流程不同，加上各个行业智能化情况不同，因此智能工厂有以下几种不同的建设模式。

第一种模式是从生产过程数字化到智能工厂。在石化、钢铁、冶金、建材、纺织、造纸、医药、食品等流程制造领域，企业发展智能制造的内在动力在于产品品质可控，侧重从生产数字化建设起步，从产品末端控制向全流程控制转变。

第二种模式是从智能制造生产单元（装备和产品）到智能工厂。在机械、汽车、航空、船舶、轻工、家用电器和电子信息等离散制造领域，企业发展智能制造的核心目的是拓展产品价值空间，侧重从单台设备自动化和产品智能化入手，基于生产效率和产品效能的提升实现价值增长。

第三种模式是从个性化定制到互联工厂。在家电、服装、家居等距离用户较近的消费品制造领域，企业发展智能制造的重点在于充分满足消费者多元化需求的同时实现规模经济生产，侧重通过互联网平台开展大规模个性化定制模式创新。

5.1.4　智能工厂发展侧重环节

智能生产的侧重点在于将人机互动、3D打印等先进技术应用于整个工业生产过程（见图5-1），并对整个生产流程进行监控、数据采集，便于进行数据分析，从而形成高度灵活、个性化、网络化的产业链。

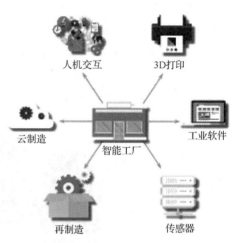

图5-1　智能工厂发展侧重环节

1. 3D打印

3D打印是一项具有"颠覆性"的创新技术，被美国国家自然科学基金会称为20世纪最重要的制造技术创新。制造业的全流程都可以引入3D打印，起到节约成本、加快进度、减少材料浪费等作用。

①在设计环节，借助3D打印技术，设计师能够获得更大的自由度和创意空间，可以专注于产品形态创意和功能创新，而不必考虑形状复杂度的影响，因为3D打印几乎可以完成任何形状的物品构建。

②在生产环节，3D打印可以直接从数字化模型生成零部件，不需要专门的模具制作等工序，既节约了成本，又能加快产品上市。此外，传统制造工艺在铸造、抛光和组装部件的过程中通常会产生废料，而相同部件使用3D打印则可以一次成形，基本不会产生废料。

③在分销环节，3D打印可能会挑战现有的物流分销网络。未来，零部件不再需要从原厂家采购和运输，而是从制造商的在线数据库中下载3D打印模型文件，然后在本地快速打印出来。由此可能导致遍布全球的零部件仓储与配送体系失去存在的意义。

3D打印经过了近40年的发展，龙头公司开始实现显著盈利，市场认可度快速上升，行业收入增长加速。根据典型的产品生命周期理论，技术产品从导入期进入成长期的过程中往往表现出加速增长的特征，可据此判断目前3D打印产业正在进入加速成长期。

2. 人机交互

未来，各类交互方式都会进行深度融合，使智能设备更加自然地与人类生物反应及处理过程同步，包括思维过程、触觉，甚至一个人的文化偏好等。这个领域充满着各种各样新奇的可能性。

人与机器的信息交互方式随着技术融合步伐的加快向更高层次迈进，如图5-2所示。新型人机交互方式被逐渐应用于生产制造领域。具体表现在智能交互设备柔性化和智能交互设备工业领域应用这两个方面。在生产过程中，智能制造系统可独立承担分析、判断、决策等任务，突出人在制造系统中的核心地位，同时在工业机器人、AGV等智能设备配合下，更好地发挥人的潜能。机器智能和人的智能真正地集成在一起，互相配合，相得益彰，其本质是人机一体化。

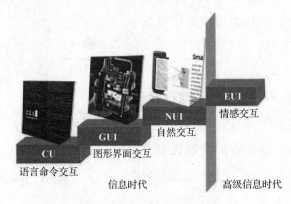

图5-2　人机交互模式演进历程

3. 传感器

我国已经基本形成较为完整的产业链结构，在材料、器件、系统、网络等方面不断完善，自主产品已达6 000多种。国内建立了三大传感器生产基地，分别为安徽基地、陕西基地和黑龙江基地。政府对国内传感器产业提出了加大力度、加快发展的指导方针，未来传感器将向着智能化的方向发展。

4. 工业软件

智能工厂的建设离不开工业软件的广泛应用。工业软件包括基础软件和应用软件两大类。其中，系统、中间件、嵌入式软件属于基础技术范围，并不与特定工业管理流程和工艺流程紧密相关。以下提到的工业软件主要指应用软件，包括运营管理类、生产管理类和研发设计类软件等。

具体来看，2016年我国工业软件行业中产品研发如CAD、CAE、CAM、CAPP等占比约为8.3%，信息管理类如ERP、CRM、HRM等占比约为15.5%，生产控制类如MES、PCS、PLC等占比约为13.2%，其余63%均为嵌入式软件开发。

分区域来看，华北、华东是工业软件应用最多的区域，合计占到全国一半左右。具体到省市来看，北京、上海、广东、江苏是工业软件实力雄厚的区域，约占全国工业软件市场规模的一半以上。

广泛应用制造执行系统、先进生产排程、产品生命周期管理、企业资源计划、质量管理等工业软件，可实现生产现场的可视化和透明化。在新建工厂时，可以通过数字化工厂仿真软件，进行设备和生产线布局、工厂物流、人机工程等仿真，确保工厂结构合理。在推进数字化转型的过程中，必须确保工厂的数据安全和设备、自动化系统的安全。在通过专业检测设备检出次品时，不仅要能够自动与合格品分流，而且能够通过统计过程控制等软件，分析出现质量问题的原因。

5. 云制造

云制造即制造企业将先进的信息技术、制造技术以及新兴物联网技术等交叉融合，将工厂产能、工艺等数据都集中于云平台，制造商可在云端进行大数据分析与客户关系管理，发挥企业最佳效能。

云制造为制造业信息化提供了一种崭新的理念与模式。云制造作为一个新的概念，其未来具有巨大的发展空间。但云制造的未来发展仍面临着众多关键技术的挑战，除了对云计算、物联网、语义Web、高性能计算、嵌入式系统等技术的综合集成，基于知识的制造资源云端化、制造云管理引擎、云制造应用协同、云制造可视化与用户界面等技术均是未来需要攻克的重要技术难关。

6. 再制造

再制造就是让旧的机器设备重新焕发生命活力的过程。它以旧的机器设备为毛坯，采用专门的工艺和技术，在原有制造的基础上进行一次新的制造，而且重新制造出来的产品无论是性能还是质量都不亚于新品。

科学地说，再制造是一种对废旧产品实施高技术修复和改造的产业，它针对的是损坏或将报废的零部件，在性能失效分析、寿命评估等分析的基础上，进行再制造工程设计，采用一系列相关的先进制造技术，使再制造产品质量达到或超过新品。

5.2　智能物流

5.2.1　智能物流的定义

智能物流是以物联网广泛应用为基础，利用先进的信息采集、信息传递、信息处理、信息管理、智能处理等技术，通过信息集成、技术集成和物流业务管理系统的集成，实现贯穿供应链过程中生产、配送、

智能物流

运输、销售以及追溯的物流全过程优化以及资源优化，并使各项物流活动优化、高效运行，为供方提供最大化利润，为需方提供最佳服务，同时消耗最少的自然资源和社会资源，最大限度地保护好生态环境的整体智能社会物流管理体系。

5.2.2　智能物流的技术

智能物流应用到的技术有许多，下面主要讲解两项关键技术：自动识别技术以及地理信息系统。

1.　自动识别技术

自动识别技术是以计算机、光、机、电、通信等技术的发展为基础的一种高度自动化的数据采集技术。它是通过应用一定的识别装置，自动地获取被识别物体的相关信息，并提供给后台的处理系统来完成相关后续处理的一种技术。它能够帮助人们快速而又准确地进行海量数据的自动采集和输入，在运输、仓储、配送等方面已有广泛的应用。经过近30年的发展，自动识别技术已经发展成为由条码识别技术、智能卡识别技术、光字符识别技术、射频识别技术、生物识别技术等组成的综合技术，并正在向集成应用的方向发展。

条码识别技术是目前使用比较广泛的自动识别技术，它利用光电扫描设备识读条码符号，从而实现信息自动输入。条码是由一组按特定规则排列的条、空及对应字符组成的表示一定信息的符号组合。不同的码制，条码符号的组成规则不同。较常使用的码制有EAN条码、UPC条码、EAN/UCC 128条码、ITF-14条码、库德巴条码等。

射频识别技术是近几年发展起来的现代自动识别技术，它是利用感应、无线电波或微波技术的读写器设备对射频标签进行非接触式识读，达到对数据自动采集的目的。它可以识别高速运动物体，也可以同时识读多个对象，具有抗恶劣环境、保密性强等特点。

2.　地理信息系统

地理信息系统（Geographic Information System，GIS）是打造智能物流的关键技术与工具，使用GIS可以构建物流一张图，将订单信息、网点信息、送货信息、车辆信息、客户信息等数据在一张图中进行管理，实现快速智能分单、网点合理布局、送货路线合理规划、包裹监控与管理等。

5.2.3　智能物流的特点

1.　智能化

智能化是物流发展的必然趋势，是智能物流的典型特征，它贯穿于物流活动的全进程。随着人工智能技术、自动化技术、信息技术的发展，智能物流智能化的程度将不断提升。智能化不仅仅限于解决库存水平的确定、运输道路的挑选、自动跟踪的控制、自动分拣的运行、物流配送中心的管理等问题，随着时代的发展，智能化也将不断地被赋予新的内容。

2. 柔性化

柔性化是为实现"以顾客为中心"理念而在生产领域提出的，即真实地根据消费者需求的变化来灵活调节生产工艺。"以顾客为中心"服务的内容将不断增加，服务的重要性也将越来越高，如果没有智能物流系统的柔性化，"以顾客为中心"的服务是不可能达到的。

3. 一体化

智能物流的一体化是指智能物流活动的整体化和系统化。它是以智能物流管理为核心，将物流过程中运输、存储、包装、装卸等环节集合成一体化系统，以最低的成本向客户提供最满意的物流服务。

4. 社会化

随着物流设施的国际化、物流技术的全球化和物流服务的全面化，物流活动并不仅仅局限于一个企业、一个地区或一个国家。构建智能物流体系对于降低商品流通成本有着决定性作用，并将成为智能型社会发展的基础。

智能物流可以有效打造信息化、智能化、自动化、透明化的运作模式。智能物流在实施的过程中强调的是在物流过程中实现数据智慧化、网络协同化和决策智慧化。智能物流在功能上要实现6个"正确"，即正确的货物、正确的数量、正确的地点、正确的质量、正确的时间、正确的价格；在技术上要实现物品识别、地点跟踪、物品溯源、物品监控、实时响应的特性。

5.2.4　智能物流在国内外的应用

1. 集成化的物流规划设计仿真技术

近年来，集成化的物流规划设计仿真技术在美、日等发达国家发展很快，并在应用中取得了很好的效果。如美国的第三方物流公司Caterpillar开发的CLS物流规划设计仿真软件，能够通过计算机仿真模型来评价不同的仓储、库存、客户服务和仓库管理策略对成本的影响。世界最大的自动控制阀门生产商之一Fisher在应用CLS物流规划设计仿真软件后，销售额增加了70%，从仓库运出的货物量增加了44%，库存周转率提高了将近25%，而且其客户对Fisher的满意度在许多服务指标上都有增加。Fisher认为这些业绩在很大程度上归功于物流规划设计仿真软件的使用。

日本在集成化物流规划设计仿真技术的研发方面处在世界领先地位，其最具代表性的成果之一是以前从事人工智能技术研究的AIS研究所研发的RaLC系列三维物流规划设计仿真软件。RaLC的适用范围十分广泛，在日本，包括冷冻食品仓储、通信产品销售配送、制药和化工行业的企业物流等都有RaLC的应用，并且产生了相当好的效益。此外，日本东芝公司的SCP（Supply Chain Planner）物流仿真软件也具有十分强大的功能。

在我国，集成化物流规划设计仿真技术的研发还处在起步阶段。从2001年开始，山东大学和同济大学开始了相关领域的研究工作，但目前还未见到研发出的实际产品。

2. 物流实时跟踪技术

国外的综合物流公司已建立自身的全程跟踪查询系统，为用户提供货物的全程实时跟踪查询。这些区域性或全球性的物流企业利用网络的优势，正在将其业务沿着主营业务向供应链的上游和下游企业延伸，以提供大量的增值服务。

在国内，拥有最大的物流配送体系的中国邮政已决定建立并完善其Internet服务的物流配送环节。此外，一些地方的运输部门和企业也积极地为用户提供物流全程信息服务和有效控制与管理，并在局部小范围内建立了基于GPS的物流运输系统。但从整体来看，国内的物流公司大多是由传统的储运公司转变过来的，还不能真正满足用户的物流实时跟踪服务需求。在科研领域，可以认为国内在物流实时跟踪方面的研究刚起步。

3. 网络化分布式仓储管理及库存控制技术

目前，国内外许多企业都将其管理、研发部门留在市区，而将其制造部门或迁移到郊区，或转移到外省甚至国外，形成以城市为技术和管理核心，以郊区或外地为制造基地的分布式经营、生产型运作模式。对于第三方物流企业，由于仓储位置的地域性跨度极大，因此更需要网络化分布式仓储管理及库存控制技术来降低管理成本，提高效率。网络化分布式仓储管理及库存控制技术是智能物流系统的一个不可或缺的部分。

国内外的ERP软件，如在本领域处在领先地位的德国SAP公司的ERP软件SAP R/3中就提供了分布式仓储管理及库存控制模块，并在制造企业中得到广泛应用。此外，专家系统在网络化分布式仓储管理及库存控制领域也有广泛应用，如美国空军物流部门研发了针对仓储管理和库存控制问题的专家系统——存货管理辅助（Inventory Management Assistance，IMA）系统，它目前以916 000种零件的存货支持全球19 000架飞机的制造。

在我国，与制造业物流相比，专门用于第三方物流企业的网络化分布式仓储管理及库存控制技术的研发相对滞后，就我们目前掌握的资料，还未曾见到有报道。而且即使是制造业，由于国内企业的特点与国外企业相差极大，盲目高价引进国外成熟的ERP软件并不一定能成功使用。

4. 物流运输系统的调度优化技术

物流配送中心配载量的不断增大和工作复杂程度的不断提高都要求对物流配送中心进行科学管理，因此配送车辆的集货、货物配装和送货过程的调度优化技术是智能物流系统的重要组成部分。比如美国沃尔玛公司，像沃尔玛这样规模的配送中心，如果没有物流运输系统的调度优化技术支持，连正常运作都会十分困难，就更谈不上科学的优化管理。

国内外学术界对物流运输系统的调度优化问题十分关注，研究得也比较早。由于物流配送车辆配载问题是一个NP完全问题，因此启发式算法是一个重要研究方向。近年来，由于遗传算法（Genetic Algorithm）具有并行性和较强的鲁棒性，因此在物流运输系统的调度优化方面得到了广泛应用。

5.3　智能产品

5.3.1　智能产品的定义

从感觉到记忆再到思维这一过程，称为"智慧"。智慧的结果产生了行为和语言，将行为和语言的表达过程称为"能力"，两者合称"智能"。将感觉、记忆、回忆、思维、语言、行为的整个过程称为智能过程，它是智力和能力的表现。它们分别又可以用"智商"和"能商"来描述其在个体中发挥智能的程度。"情商"可以调整智商和能商的正确发挥，或控制二者恰到好处地发挥它们的作用。智能及智能的本质是古今中外许多哲学家、脑科学家一直在努力探索和研究的问题，但至今仍然没有完全了解，以至于智能的发生与物质的本质、宇宙的起源、生命的本质一起被列为自然界四大奥秘。近年来，随着脑科学、神经心理学等研究的进展，人们对人脑的结构和功能有了初步认识，但对整个神经系统的内部结构和作用机制，特别是脑的功能原理还没有认识清楚，有待进一步地探索。因此，很难对智能给出确切的定义。

智能产品的概念是非常广泛的，用于形容具备一定自主性、自动化程度高、人工干预较少的智能产品，包括一切智能产品如智能锁、智能晾衣机、智能手机、智能家居等产品，是指有形态的产品。

5.3.2　智能产品的种类

1. 智能音箱

智能音箱是音箱升级的产物，是消费者用语音进行上网的一个工具，比如点播歌曲、上网购物，或是了解天气预报。它也可以对智能家居设备进行控制，比如打开窗帘、设置冰箱温度、提前让热水器升温等。2018年6月11日，百度发布了首款自有品牌智能音箱"小度智能音箱"。

2. 智能电视

智能电视是基于Internet应用技术，具备开放式操作系统与芯片，拥有开放式应用平台，可实现双向人机交互功能，集影音、娱乐、数据等多种功能于一体，以满足用户多样化和个性化需求的电视产品。其目的是带给用户更便捷的体验。目前智能电视已经成为电视的潮流趋势。

3. 智能手环

智能手环是一种穿戴式智能设备。通过这种手环，用户可以记录日常生活中的锻炼、睡眠、饮食等实时数据，并将这些数据与手机、平板计算机同步，起到通过数据指导健康生活的作用。

4. 智能手机

智能手机是指像个人计算机一样，具有独立的操作系统、独立的运行空间，可以由用户自行安装软件、游戏、导航等第三方服务商提供的程序，并可以通过移动通信网络来实现无线网络接入的手机类型的总称。

5. 扫地机器人

扫地机器人又称自动打扫机、智能吸尘器、机器人吸尘器等，是智能家用电器的一种，能凭借一定的人工智能，自动在房间内完成地板清理工作。一般采用刷扫和真空方式，将地面杂物先吸纳进自身的垃圾收纳盒，从而完成地面清理的功能。一般将完成清扫、吸尘、擦地工作的机器人也统一归为扫地机器人。

5.4 智能管理

5.4.1 智能管理的定义

智能管理（Intelligent Management，IM）是人工智能与管理科学、知识工程与系统工程、计算技术与通信技术、软件工程与信息工程等多学科、多技术相互结合、相互渗透而产生的一门新技术、新学科。它研究如何提高计算机管理系统的智能水平，以及智能管理系统的设计理论、方法与实现技术。智能管理是现代管理科学技术发展的新方向。智能管理系统是在管理信息系统（Management Information System，MIS）、办公自动化系统（Office Automation System，OAS）、决策支持系统（Decision Support System，DSS）的功能集成、技术集成的基础上，应用人工智能专家系统、知识工程、模式识别、人工神经网络等方法和技术，进行智能化、集成化、协调化、设计和实现的新一代计算机管理系统。

智能管理是建立在个人智能结构与组织（企业）智能结构基础上实施的管理，既体现了以人为本，也体现了以物为支撑基础。教育要"因材施教"，根据受教育者不同的智能结构，有针对性地采用教学方法，包括教学的道具、用具和情景设计；同样，管理也要"因材施管"，要根据管理者与被管理者的智能结构，根据组织机构本身的智能结构，采用适当的管理模式、方法，才能达到预期效果。

5.4.2 智能管理系统开发的特点

1. 可行性和适应性

所谓可行性，是指核心功能吻合客户需求。智能管理系统是基于平台的定制开发的。所谓适应性，是指产品的实施条件和应用条件要吻合企业当前的发展现状。需求的吻合度是管理系统兑现价值的保障，用户需求的满足度是项目成功的基础。

2. 前瞻性和实用性

企业管理系统的开发，既要最大限度地增加系统的价值，最大限度地满足用户的需求，充分考虑系统今后功能扩展、应用扩展、集成扩展等多层面的延伸，又要兼顾到成本控制、项目周期控制等因素，因此具有前瞻性和实用性。

3. 先进性和成熟性

先进的管理理念、技术和方法可以提升企业的竞争力，但是也要注意软件产品和系统是否成熟。在先进性和成熟性之间找到平衡点，是价值最大化的关键之一。

4. 稳定性和安全性

所谓稳定性，一方面是指信息传播和公开的安全性以及可靠性，另一方面则是指整个机构的稳定性。系统的开发平台是稳定性的基本保障。企业管理软件的稳定性能够判断这款软件的开发历史是否长远，用户群体是否庞大，有没有经常发布补丁等外在的指标。

5. 可扩展性和易维护性

为了适应未来的业务拓展和项目的功能扩展，必须充分考虑以最简便的方法、最低的投资，实现软件系统的扩展和维护扩展。因此，在企业管理系统的开发设计中，需要考虑应用系统不断扩展的要求，形成一个易于管理、可持续发展的体系结构。未来业务的扩展只需要在现有机制的基础上，增加新的应用与服务模块。一方面，当新的技术和产品出现而进行升级时，系统能够平滑过渡而不影响用户的使用；另一方面，产品有新的功能增加时，可以通过插件和模块定制平台的方式，轻松实现业务的扩展。

6. 整合性和一体化

整合性体现在产品的接口、可配置等方面，具有全面化和一体化的特点。智能管理系统将OA、ERP、CRM、HR和IM系统进行整合，实现对流程、客户、销售、运营、生产、市场等的贯穿式一体化管理，从而达到多系统广泛整合使用，满足用户复杂业务自动化处理的需求。

5.5 典型案例

【案例1 南京已建成20多个智能停车场，可"反向寻车"】

很多人曾有过这样的经历，开车到大型商场、超市购物，满载而归回到停车场时，忘记车子停哪儿了。这样的情况在拥有"反向寻车"功能的智能停车场里，绝对不会发生。基于RFID、无线传感等物联网技术，对停车场车辆入场、入车位、出车位、出场等全流程监控，将实现车辆进出不再刷卡，并帮助车主在偌大的停车场里快速找到自己的车等功能。从2019年至今，南京市已建成20多个拥有上述功能的智能停车场，还有10多个正在建设中。

1．智能反向寻车：几秒告诉你车停哪儿了

当与朋友一起游玩后回停车场迷路时，发现两层停车场共有9万平方米、2 400多个停车位，划分为10多个区域，每个区域只有车位旁的柱子颜色略有不同，而事先没记下停车位置，回到停车场就"两眼抓瞎"了。

这时，电梯口的一台"智能反向寻车"设备帮了大忙。在机器上输入自己的车牌号码，机器立刻就把车辆停靠的具体位置"报"了出来，并规划出一条走到停车位的最便捷路线。整个过程不到1分钟就搞定了。

2．智能引导：空车位上亮绿灯

除了反向寻车，智能停车场最便捷的功能之一当属进出不用停车刷卡。通过探头和远程识别系统自动读取进出车辆的电子环保卡，从而实现进出场时不用刷卡，自动计时、计费等。南京城市智能交通有限公司相关技术人员介绍，目前，南京市行政服务中心、汇杰广场、紫东创意园、中山东路长发中心等10多座写字楼的地下停车场，都已经安装了相关智能设备，并启用了相关功能。

此外，新型的智能停车场还拥有车位预订、车位查询、车位引导等功能。如位于河西的南京市行政服务中心，其地下停车场二期正在改造，除投入"自助反向寻车系统"以外，每个区域都设置引导装置，每个车位上方都有一盏小灯，如果车位是空的，将亮绿灯，如果已经停了车，就亮红灯。有了这样的提示，驾驶员就可以很方便地寻找到空余车位。

3．智能门禁：自动放行已授权车辆

从2019年开始，南京市北京东路41号市政府大楼的门前树起了一块显示牌，当车辆进出大门时，如果是已经授权的，显示牌上会出现"允许通行"的字样，这就是典型的智能"门禁"，也是南京市多家在建的智能停车场的"标配"。

这一智能门禁功能还可以衍生到居民小区、机关企业等原本需要保安"把门"的单位。今后只要是本小区或本单位的车辆，安装相关智能系统，经授权后可直接进入，再也不用人工识别了。

南京城市智能交通有限公司的技术人员还介绍，根据他们的初步摸底，目前全市共有路外停车场六七百家，通过一两年努力，建设相关基站、安装智能设备，南京市智能交通系统将把这些停车场信息进行联网控制，今后市民开车出门前用手机就能提前查询目的地附近的停车状况，并根据自身需求选择合适的停车场所。

【案例2　南京江宁开发区"智能工厂"占全市半壁江山】

在前不久南京市经信委公布的全市首批10家"智能工厂"名单中，江宁开发区的科远自动化、国电南自、埃斯顿、国电南瑞、南瑞继保5家企业位列其中，占据全市半壁江山。这释放出一个信号：一场由智慧产业引起的产业革命风暴即将在这里掀起。江宁开发区管委会工作人员介绍说，紧盯供给侧结构性改革，围绕互联网+等行动计划，江宁开发区将抓住智能制造、工业4.0发展先机，力争在这一领域走在全省乃至全国前列。

江宁开发区入选的这批"智能工厂"是什么样的？让我们透过规划方案来一探究竟。

南京埃斯顿自动化股份有限公司计划投资4.5亿元，打造机器人智能制造系统研发和产业化及机器人"智能工厂"。建设项目包括两个各1.2万平方米的机器人智能化生产车间，还有一个8 000m²的自动化物流和仓储车间。这可不是一个普通的生产车间，其生产流程可感知、可监控、可追溯，借助移动互联网、智能传感器、云计算、大数据等技术，"智能工厂"可以根据订单自动优化生成生产程序，后台系统可以自动采集工业现场的复杂数据，传感器24小时监控生产中机器和人的一举一动，设备坏了，"智能工厂"可以像一个医生一样进行自我诊断。项目建成后，未来每年将有3 000台工业机器人和智能制造系统从江宁开发区走向全国。

国电南瑞科技股份有限公司的方案是"就地改造"，计划投入5.2亿元，对现有的生产场地、自动化设备、信息网络平台等资源进行全方位升级。按照"整体规划、部分实施"原则，企业将依托虚拟制造、物联网、大数据等关键技术，对二次电气设备的生产流程进行智能化升级。"这将是一个一体化智能网络平台，是一套可以实现智能生产、智能管控、智能分析的生产制造系统。改造后，产品交付速度将更快，资源消耗将更少。"企业相关人士介绍说。

据了解，近年来，江宁开发区以提高智能制造水平推动产业升级，加快企业应用自动化、智能化装备改造进程，加速设计、生产、管理、服务等各环节的智能制造建设。除拥有5家"智能工厂"外，江宁开发区的南瑞继保电力装备智能调试车间、迈瑞医疗血球试剂智能生产车间、国电南自电力设备智能生产车间还成为江苏省示范智能车间，入选数占全市的1/3。另外，某家居股份有限公司抢抓互联网+、工业4.0发展机遇，将创新突破口放在个性化定制与规模化生产的有机结合上，实现了工业化升级和顾客个性化需求升级的双赢，成功入选工信部2015年互联网与工业融合创新试点企业。

5.6　拓展阅读

数字化车间是基于生产设备、生产设施等硬件设施，以降本提质增效、快速响应市场为目的，在对工艺设计、生产组织、过程控制等环节优化管理的基础上，通过数字化、网络化、智能化等手段，在计算机虚拟环境中，对人、机、料、法、环、测等生产资源与生产过程进行设计、管理、仿真、优化与可视化等工作，以信息数字化及数据流动为主要特征，对生产资源、生产设备、生产设施以及生产过程进行精细、精准、敏捷、高效的管理与控制。数字化车间是智能车间的第一步，也是智能制造的重要基础。

数字化车间建设以3条实线为主、1条虚线为辅进行开展。

首先，以机床、热处理设备、机器人、测量测试设备等组成的自动化设备与相关设施，实现生产过程的精确化执行。这是数字化车间的物理基础。

其次，以MES为中心的智能化管控系统，实现对计划调度、生产物流、工艺执行、过程质量、设备管理等生产过程各环节及要素的精细化管控。

再次，在互联互通的设备物联网基础上，连接起信息化系统与机床等物理空间的自动化设备，构建车间级的HCPS系统，实现了两个"世界"的相互作用、深度融合。

最后，精益生产作为数字化车间建设的一条"虚线"，精益思想要贯穿数字化建设的始终。

讨论与交流

5G时代即将来临，引发了人们对未来变化的遐想。那么5G智能制造是什么概念？5G对于智能制造有什么样的意义？

本章小结

本章主要介绍了智能制造领域的另外四大核心技术，包括智能工厂、智能物流、智能产品和智能管理。重点介绍了智能工厂与智能物流，包括智能工厂的定义、特征、建设模式和发展环节，智能物流的定义、技术、特点和国内外应用。

思考与练习

1. 名词解释

（1）智能工厂　　　　　　　　　　　（2）智能物流

（3）智能产品　　　　　　　　　　　（4）智能管理

（5）云制造　　　　　　　　　　　　（6）GIS

2. 填空题

（1）智能生产是智能制造的主线，而＿＿＿＿＿＿＿是智能生产的主要载体。

（2）智能工厂不是无人工厂，而是＿＿＿＿＿＿＿的工厂。

（3）智能生产的侧重点在于将＿＿＿＿＿＿＿等先进技术应用于整个工业生产过程。

（4）工业软件主要指应用软件，包括＿＿＿＿＿＿、生产管理类和＿＿＿＿＿＿软件等。

（5）智能物流在功能上要实现_____个"正确"，即_____、正确的数量、正确的地点、正确的质量、正确的时间、_____。

（6）智能过程是_____和_____的表现。

3. 单项选择题

（1）智能工厂的主要建设模式有（　　）种。

A. 1　　　　　　B. 2　　　　　　C. 3　　　　　　D. 4

（2）国内建立了三大传感器生产基地，以下（　　）不是。

A. 安徽基地　　　　　　　　B. 陕西基地

C. 黑龙江基地　　　　　　　D. 广东基地

（3）智能物流在技术上要实现（　　）、地点跟踪、物品溯源、物品监控、实时响应的特性。

A. 物品识别　　　　　　　　B. 物品包装

C. 物品打码　　　　　　　　D. 物品贴标

（4）以下（　　）不属于智能产品。

A. 智能音箱　　　　　　　　B. 智能电视

C. 智能手环　　　　　　　　D. 儿童玩具

4. 简答题

（1）智能工厂的特征主要体现在哪些方面？

（2）智能生产的发展主要侧重在哪些环节上？

（3）请列举出智能产品还包括哪些。

第6章
智能制造的支撑技术

案例导入

奥迪：颠覆传统的汽车工厂

奥迪一直将科技作为产品的卖点，这一次奥迪将科技发挥到了极致，为我们描绘出一座未来汽车工厂——奥迪智能工厂。在这座工厂中，我们熟悉的生产线消失不见，零件运输由自动驾驶小车甚至是无人机完成，3D打印技术也得到普及……这样一座颠覆传统的汽车工厂都有哪些"黑科技"？

零件物流是保障整个工厂高效生产的关键，在奥迪智能工厂中，零件物流运输全部由无人驾驶系统完成。转移物资的叉车也实现自动驾驶，实现真正的自动化工厂。在物料运输方面不仅有无人驾驶小车参与，无人机也将发挥重要作用。

在奥迪智能工厂中，小型化、轻型化的机器人将取代人工来实现琐碎零件的安装固定。柔性装配车将取代人工进行螺丝拧紧。在装配小车中布置有若干机械臂，这些机械臂可以按照既定程序进行位置识别、螺丝拧紧。装配辅助系统可以提示工人何处需要进行装配，并可对最终装配结果进行检测。在一些线束装配任务中还需要人工的参与，装配辅助系统可以提示工人哪些位置需要人工装配，并在显示屏上显示最终装配是否合格，防止出现残次品。

未来，奥迪智能工厂将借助VR技术来实现虚拟装配，以发现研发阶段出现的问题。借助VR设备，设计人员可以对零件进行预装配，以观测未来实际装配效果。此外，数据眼镜可以对看到的零件进行分析，这套设备类似装配辅助系统，能发现缺陷与问题。数据眼镜可以对员工或工程师进行针对性支持。

在奥迪智能工厂，3D打印技术将得到普及，到时候汽车上的大部分零件可以通过3D打印技术得到。目前用粉末塑料制造物体的3D打印机已经被制造出来，下一阶段发展的目标是3D金属打印机。奥迪专门设计了金属打印实验室，对此技术进行研发。

6.1 智能硬件技术

6.1.1 工业机器人

工业机器人是面向工业领域的多关节机械手或多自由度的机器人。

智能硬件技术

工业机器人是自动执行工作的机器装置，是靠自身动力和控制能力来实现各种功能的一种机器。它可以接受人类指挥，也可以按照预先编排的程序运行，现代的工业机器人还可以根据人工智能技术制定的原则、纲领行动。

1. 发展历史

1920年捷克作家卡雷尔·恰佩克在其剧本《罗素姆万能机器人》中最早使用机器人一词，剧中机器人"Robot"是苦力，即剧作家笔下的一个具有人的外表、特征和功能的机器，是一种人造的劳力。它是最早的工业机器人设想。

20世纪40年代中后期，机器人的研究与发明得到了更多人的关心与关注。20世纪50年代以后，美国橡树岭国家实验室开始研究能搬运核原料的遥控操纵机械手，这是一种主从型控制系统，主机械手的运动系统中加入了力反馈，可使操作者获知施加力的大小；主、从机械手之间由防护墙隔开，操作者可通过观察窗或闭路电视对从机械手操作机进行有效的监视。主从机械手系统的出现为机器人的产生、为近代机器人的设计与制造做了铺垫。

1954年美国德沃最早提出了工业机器人的概念，并申请了专利。该专利的要点是借助伺服技术控制机器人的关节，利用人手对机器人进行动作示教，机器人能实现动作的记录和再现。这就是所谓的示教再现机器人。现有的机器人差不多都采用这种控制方式。1959年UNIMATION公司的第一台工业机器人在美国诞生，开创了机器人发展的新纪元。

UNIMATION的VAL（Very Advantage Language）语言也成为机器人领域最早的编程语言在各大学及科研机构中传播，也是各个机器人品牌的基本范本。其机械结构也成为行业的模板。其后，UNIMATION公司被瑞士STAUBLI收购，并利用STAUBLI的技术优势，进一步得以改良发展。日本第一台机器人由Kawasaki从UNIMATION进口，并由Kawasaki模仿改进后在日本国内推广。

2. 工业机器人四大家族

（1）日本发那科（FANUC）。

FANUC是日本一家专门研究数控系统的公司，成立于1956年，是世界上最大的专业数控系统生产厂家，占据了全球70%的市场份额。FANUC于1959年首先推出了电液步进电机，在后来的若干年中逐步发展并完善了以硬件为主的开环数控系统。

自1974年FANUC首台机器人问世以来，FANUC致力于机器人技术上的领先与创新，是世界上唯一一家由机器人来做机器人的公司，是世界上唯一提供集成视觉系统的机器人企业，是世界上唯一一家既提供智能机器人又提供智能机器的公司。

（2）瑞士ABB。

ABB是一家瑞士-瑞典的跨国公司，集团总部位于瑞士苏黎世。1988年创立于欧洲，1994年进入中国，1995年成立ABB（中国）有限公司。2005年起，ABB机器人的生产、研发、工程中心都开始转移到中国。目前，中国已经成为ABB在全球的第一大市场。

ABB集团业务遍布全球100多个国家，拥有14.5万名员工，2014年全球销售收入约400亿美元，在华销售收入约58亿美元。ABB在中国拥有研发、制造、销售和工程服务等全方位的业务活动，员工1.9万名。在中国设有38个子公司和100多个办事处。

ABB机器人产品和解决方案已广泛应用于汽车制造、食品饮料、计算机和消费电子等众多行业的焊接、装配、搬运、喷涂、精加工、包装和码垛等不同作业环节。

（3）日本安川电机（YASKAWA）。

安川电机创立于1915年，总部位于日本福冈县北九州市。1999年4月，安川电机（中国）有限公司在上海注册成立，注册资金3 110万美元。

2012年7月，安川电机海外首个机器人生产基地落户常州武进国家高新区，该基地将用最新的设备生产用于汽车相关制造的溶解用机器人。项目总投资约3亿元，设计产能12 000台套机器人/年（含控制系统），年销售6亿元。基地已于2013年6月投入生产。

安川电机2015年重磅推出了"辅助脊髓损伤患者步行的机器人"ReWalk，为脊髓损伤患者带来了福音。ReWalk作为外骨骼状机器人，不是采用力传感器和肌电传感器，而是通过可以定位穿戴者的身体重心进行步行的独创性计算程序算法，从而实现步行自然化和穿戴简便化。在欧美已实现商品化，可帮助因为脊髓损伤造成的下肢麻痹患者实现站立和步行。患者在指定医院接受使用训练（基础训练20小时，应用训练最少20小时）后，便可在日常生活中使用。

（4）德国库卡（KUKA）。

库卡（KUKA）是世界工业机器人和自动控制系统领域的顶尖制造商之一，总部位于德国奥格斯堡。KUKA机器人公司在全球拥有20多个子公司，其中大部分是销售和服务中心。KUKA在全球的运营点分布在美国、墨西哥、巴西、日本、韩国、印度和欧洲各国。

库卡机器人（上海）有限公司是德国库卡公司设在中国的全资子公司，成立于2000年，是库卡公司在德国以外设立的第一家，也是唯一一家海外工厂。

2015年，库卡推出首款轻型工业机器人LBR iiwa，LBR iiwa是一款具有突破性构造的7轴机器人手臂，其极高的灵敏度、灵活度、精确度和安全性的产品特征，使它特别适用于柔性、灵活度和精准度要求较高的行业（如电子、医药、精密仪器等），可满足更多工业生产中的操作需要。

3. 构造分类

工业机器人由主体、驱动系统和控制系统3个基本部分组成。主体即机座和执行机构，包括臂部、腕部和手部，有的机器人还有行走机构。大多数工业机器人有3～6个运动自由度，其中腕部通常有1～3个运动自由度；驱动系统包括动力装置和传动机构，用以使执行机构产生相应的动作；控制系统按照输入的程序对驱动系统和执行机构发出指令信号，并进行控制。

工业机器人按臂部的运动形式分为4种。直角坐标型的臂部可沿3个直角坐标移动；圆柱坐标型的臂部可做升降、回转和伸缩动作；球坐标型的臂部能回转、俯仰和伸缩；关节型的臂部有多个转动关节。

按执行机构运动的控制机能，工业机器人又可分为点位型和连续轨迹型。点位型只控制执行机构由一点到另一点的准确定位，适用于机床上下料、点焊和一般搬运、装卸等作业；连续轨迹型可控制执行机构按给定的轨迹运动，适用于连续焊接和涂装等作业。

按程序输入方式区分，工业机器人有编程输入型和示教输入型两类。编程输入型是将计算机上已编好的作业程序文件，通过RS232串口或以太网等通信方式传送到机器人控制柜。示教输入型的示教方法有两种：一种是由操作者用手动控制器（示教操纵盒）将指令信号传给驱动系统，使执行机构按要求的动作顺序和运动轨迹操作演示一遍；另一种是由操作者直接带领执行机构，按要求的动作顺序和运动轨迹操作演示一遍。在示教过程的同时，工作程序的信息自动存入程序存储器中。在机器人自动工作时，控制系统从程序存储器中检出相应信息，将指令信号传给执行机构，使执行机构再现示教的各种动作。示教输入程序的工业机器人称为示教再现型工业机器人。

具有触觉、力觉或简单视觉的工业机器人，能在较为复杂的环境下工作，如具有识别功能或更进一步增加自适应、自学习功能，即成为智能型工业机器人。它能按照人给的"宏指令"自选或自编程序去适应环境，并自动完成更为复杂的工作。

4. 种类介绍

（1）移动机器人。

移动机器人是工业机器人的一种类型。它由计算机控制，具有移动、自动导航、多传感器控制、网络交互等功能，可广泛应用于机械、电子、纺织、卷烟、医疗、食品、造纸等行业的柔性搬运、传输等，也可应用于自动化立体仓库、柔性加工系统、柔性装配系统，同时可在车站、机场、邮局的物品分拣中作为运输工具。

工业机器人是国际物流技术发展的新趋势之一，而移动机器人是其中的核心技术和设备，是用现代物流技术配合、支撑、改造、提升传统生产线，通过点对点自动存取高架箱储作业和搬运相结合，实现精细化、柔性化、信息化，缩短物流流程，降低物料损耗，减少占地面积，降低建设投资等的高新技术和装备。

（2）点焊机器人。

①焊接机器人。焊接机器人的特点是焊接质量明显优于人工焊接，可大大提高点焊作业的生产率。点焊机器人主要用于汽车整车的焊接工作，生产过程由各大汽车主机厂商负责完成。国际工业机器人企业凭借与各大汽车企业的长期合作关系，向各大型汽车生产企业提供各类点焊机器人单元产品，并以焊接机器人与整车生产线配套形式进入中国，在该领域占据市场主导地位。

随着汽车工业的发展，焊接生产线要求焊钳一体化，因此机器人质重越来越大。165kg点焊机器人是当前汽车焊接中最常用的一种机器人。2008年9月，哈尔滨工业大学机器人研究所研制完成国内首台165kg级点焊机器人，并成功应用于奇瑞汽车焊接车间。2009年9月，经过优化和性能提升的第二台机器人制造完成并顺利通过验收，该机器人整体技术指标已经达到国外同类机器人水平。

②弧焊机器人。弧焊机器人主要应用于各类汽车零部件的焊接生产。在该领域，国际大型工业机器人生产企业主要以向成套装备供应商提供单元产品为主。其关键技术如下。

弧焊机器人系统优化集成技术：弧焊机器人采用交流伺服驱动技术以及高精度、高刚性的RV减速机和谐波减速器，具有良好的低速稳定性和高速动态响应，并可实现免维护功能。

协调控制技术：控制多机器人及变位机协调运动，既能保持焊枪和工件的相对姿态以满足焊接工艺的要求，又能避免焊枪和工件的碰撞。

精确焊缝轨迹跟踪技术：结合激光传感器和视觉传感器离线工作方式的优点，采用激光传感器实现焊接过程中的焊缝跟踪，提升焊接机器人对复杂工件进行焊接的柔性和适应性；结合视觉传感器离线观察获得焊缝跟踪的残余偏差，基于偏差统计获得补偿数据并进行机器人运动轨迹的修正，在各种工况下都能获得最佳的焊接质量。

（3）激光加工机器人。

激光加工机器人是将机器人技术应用于激光加工中，通过高精度工业机器人实现更加柔性的激光加工作业。激光加工机器人系统可通过示教盒进行在线操作，也可通过离线方式进行编程。该系统通过对加工工件的自动检测，产生加工件的模型，继而生成加工曲线，也可以利用CAD数据直接加工，可用于工件的激光表面处理、打孔、焊接和模具修复等。其关键技术如下。

①激光加工机器人结构优化设计技术：采用大范围框架式本体结构，在增大作业范围的同时，保证机器人精度。

②机器人系统的误差补偿技术：针对一体化加工机器人工作空间大、精度高等要求，并结合其结构特点，采取非模型方法与基于模型方法相结合的混合机器人补偿方法，完成几何参数误差和非几何参数误差的补偿。

③高精度机器人检测技术：将三坐标测量技术和机器人技术相结合，实现机器人高精度在线测量。

④激光加工机器人专用语言实现技术：根据激光加工及机器人作业特点，完成激光加工机器人专用语言。

⑤网络通信和离线编程技术：具有串口、CAN等网络通信功能，实现对机器人生产线的监控和管理，并实现上位机对机器人的离线编程控制。

（4）真空机器人。

真空机器人是一种在真空环境下工作的机器人，主要应用于半导体工业中，实现晶圆在真空腔室内的传输。真空机械手难进口、受限制、用量大、通用性强，成为制约半导体装备整机的研发进度和整机产品竞争力的关键部件。而且国外对我国买家严加审查，将真空机械手归属于禁运产品。真空机械手已成为严重制约我国半导体设备整机装备制造的"卡脖子"问题。其关键技术如下。

①真空机器人新构型设计技术：通过结构分析和优化设计，避开国际专利，设计新构型满足真空机器人对刚度和伸缩比的要求。

②大间隙真空直驱电机技术：涉及大间隙真空直接驱动电机和高洁净直驱电机的电机理论分析、结构设计、制作工艺、电机材料表面处理、低速大转矩控制、小型多轴驱动器等方面。真空环境下的多轴精密轴系的设计采用轴在轴中的设计方法，减小轴之间的不同心以及惯量不对称的问题。

③动态轨迹修正技术：通过传感器信息和机器人运动信息的融合，检测出晶圆与手指基准位置之间的偏移；通过动态修正运动轨迹，保证机器人准确地将晶圆从真空腔室中的一个工位传送到另一个工位。

④符合SEMI标准的真空机器人语言：根据真空机器人搬运要求、机器人作业特点及SEMI标准，完成真空机器人专用语言。

⑤可靠性系统工程技术：在IC制造中，设备故障会带来巨大的损失。根据半导体设备对MCBF的高要求，对各个部件的可靠性进行测试、评价和控制，提高机械手各个部件的可靠性，从而保证机械手满足IC制造的高要求。

（5）洁净机器人。

洁净机器人是一种在洁净环境中使用的工业机器人。随着生产技术水平不断提高，其对生产环境的要求也日益苛刻，很多现代工业产品生产都要求在洁净环境进行，洁净机器人是洁净环境下生产需要的关键设备。其关键技术如下。

①洁净润滑技术：通过采用负压抑尘结构和非挥发性润滑脂，实现对环境无颗粒污染，满足洁净要求。

②高速平稳控制技术：通过轨迹优化和提高关节伺服性能，实现洁净搬运的平稳性。

③控制器的小型化技术：由于洁净室建造和运营成本高，通过控制器小型化技术减小洁净机器人的占用空间。

④晶圆检测技术：使用光学传感器，能够通过机器人的扫描，获得卡匣中晶圆有无缺片、倾斜等信息。

5. 应用

工业机器人在工业生产中能代替人做某些单调、频繁和重复的长时间作业，或是危险、恶劣环境下的作业，例如在冲压、压力铸造、热处理、焊接、涂装、塑料制品成形、机械加工和简单装配等工序上，以及在原子能工业等部门中，完成对人体有害物料的搬运或工艺操作。

由于工业机器人具有一定的通用性和适应性，能适应多品种，中、小批量的生产，从20世纪70年代起，常与数字控制机床结合在一起，成为柔性制造单元或柔性制造系统的组成部分。

6. 发展前景与趋势

（1）发展前景。

在发达国家，工业机器人自动化生产线成套设备已成为自动化装备的主流及未来的发展方向。国外汽车行业、电子电气行业、工程机械等行业已经大量使用工业机器人自动化生产线，以保证产品质量，提高生产效率，同时避免了大量的工伤事故。全球诸多国家近半个世纪的工业机器人的使用实践表明，工业机器人的普及是实现自动化生产，提高社会生产效率，推动企业和社会生产力发展的有效手段。

机器人技术是具有前瞻性、战略性的高技术领域。电气与电子工程师协会（IEEE）的科学家在对未来科技发展方向的预测中提出了4个重点发展方向，机器人技术就是其中之一。

我国工业机器人起步于20世纪70年代初，其发展过程大致可分为3个阶段：20世纪70年代的萌芽期、20世纪80年代的开发期、20世纪90年代的实用化期。而今，经过50多年的发展，我国工业机器人已经初具规模。当前我国已生产出部分机器人关键元器件，开发出弧焊、点焊、码垛、装配、搬运、注塑、冲压、喷漆等工业机器人。一批国产工业机器人已服务于国内诸多企业的生产线；一批机器人技术的研究人才也涌现出来。一些相关科研机构和企业已掌握了工业机器人操作机的优化设计制造技术，工业机器人控制、驱动系统的硬件设计技术，机器人软件的设计和编程技术，运动学和轨迹规划技术，弧焊、点焊及大型机器人自动生产线与周边配套设备的开发和制备技术等。某些关键技术已达到或接近世界水平。

（2）发展趋势。

工业智能化对工业机器人的需求日益增加，工业机器人的市场规模逐年增加。2019年，我国工业机器人的市场规模已经达到了57.3亿美元。市场规模的增速虽先上升后下降，但仍保持向上的势头，预计在未来还有更高的上升空间。2015—2020年，工业机器人产量保持着增长的趋势，截至2020年11月，工业机器人的产量从2015年的32 996套增加到206 851套。但是从增速变化来看，这期间工业机器人的增速明显放缓，2015—2016年增速为119.5%，次年便降低到了12.67%。2010—2020年，我国工业机器人新增企业的数量呈现出先增长后下降的趋势：2010—2016年为增长，随后截止到2020年均为下降，并且下降幅度比上升幅度更大。2016年，工业机器人行业的新增企业数量最多，为77家，而2020年仅有2家。

当前，国外已经研制和生产了各种不同的标准组件，而我国作为未来工业机器人的主要生产国，标准化的过程是发展趋势。

我国制造业面临着向高端转变，承接国际先进制造、参与国际分工的巨大挑战。加快工业机器人技术的研究开发与生产是我国抓住这个历史机遇的主要途径。因此我国工业机器人产业发展要进一步落实：第一，工业机器人技术是我国由制造大国向制造强国转变的主要手段和途径，政府要对国产工业机器人有更多的政策与经济支持，参考国外先进经验，加大技术投入与改造；第二，在国家的科技发展计划中，应该继续对智能机器人研究开发与应用给予大力支持，形成产品和自动化制造装备同步协调的新局面；第三，部分国产工业机器人质量已经与国外相当，企业采购工业机器人时不要盲目进口，应该综合评估，立足国产。

智能化、仿生化是工业机器人的最高阶段。随着材料、控制等技术不断发展，实验室产品越来越多地产品化，逐步应用于各个场合。伴随移动互联网、物联网的发展，多传感器、分布式控制的精密型工业机器人将会越来越多，逐步渗透制造业的方方面面，并且由制造实施型向服务型转变。

工业和信息化部在2016年制定了《工业机器人行业规范条件》，这一条件设定了标准的工业机器人行业准入门槛。而后分别在2018年、2019年与2020年公布了3批符合标准的企业名单，符合企业的数量分别为15家、8家、9家，占当年工业机器人企业总数的比例分别为0.179%、0.08%、0.09%，占比均不足2%，处于非常低的水平，并且这一比例呈下降的趋势。预计在未来针对工业机器人这一行业，将会有更多的规范文件出台。

6.1.2 数控机床

数控机床是数字控制机床（Computer Numerical Control Machine Tools）的简称，是一种装有程序控制系统的自动化机床。该控制系统能够处理具有控制编码或其他符号指令规定的程序，并将其译码后用代码化的数字表示，通过信息载体输入数控装置。经运算处理由数控装置发出各种控制信号，控制机床的动作，按图纸要求的形状和尺寸，自动地将零件加工出来。数控机床可较好地解决复杂、精密、小批量、多品种的零件加工问题，是一种柔性的、高效能的自动化机床，可代表现代机床控制技术的发展方向，是一种典型的机电一体化产品。

1. 发展历史

数控机床是由美国人于20世纪发明的。随着电子信息技术的发展，世界机床业已进入了以数字化制造技术为核心的机电一体化时代，其中数控机床就是代表产品之一。数控机床是制造业的加工母机和国民经济的重要基础。它为国民经济各个部门提供装备和手段，具有极大的经济与社会效应。日本、美国、欧盟等已先后完成了数控机床产业化进程，而我国从20世纪80年代开始起步，仍处于发展阶段。

（1）美国。

美国政府重视机床工业，美国国防部等部门因其军事方面的需求而不断提出机床的发展方向、科研任务，并且提供充足的经费，且网罗世界各地人才，特别讲究"效率"和"创新"，注重基础科研，因而在机床技术上能不断创新，如1952年研制出世界第一台数控机床、1958年创制出加工中心、20世纪70年代初研制成FMS、1987年首创开放式数控系统等。由于美国首先结合汽车、轴承生产需求，充分发展了大量大批生产自动化所需的自动线，而且电子、计算机技术在世界上领先，因此其数控机床的主机设计、制造及数控系统基础扎实，且一贯重视科研和创新，故其高性能数控机床技术在世界也一直领先。当今美国生产宇航等使用的高性能数控机床存在的教训是，偏重基础科研，忽视应用技术，且在20世纪80年代政府一度放松了引导，致使数控机床产量增加缓慢，于1982年被后进的日本超过，并大量进口。从20世纪90年代起，纠正过去偏向，在数控机床技术上转向实用，产量又逐渐上升。

（2）德国。

德国政府一贯重视机床工业的重要战略地位，在多方面大力扶植。于1956年研制出第一台数控机床后，德国特别注重科学试验，将理论与实际相结合，基础科研与应用技术科研并重。通过企业与大学科研部门紧密合作，对数控机床的共性和特性问题进行深入的研究，并在质量上精益求精。德国的数控机床质量及性能良好、先进实用、货真价实，出口遍及世界各地，尤其是大型、重型、精密数控机床。德国特别重视数控机床主机及配套件的先进实用，其机、电、液、气、光、刀具、测量、数控系统、各种功能部件等，在质量、性能上居世界前列。

（3）日本。

日本政府对机床工业的发展异常重视，通过规划、法规引导其发展。在重视人才及机床元部件配套上学习德国，在质量管理及数控机床技术上学习美国，甚至青出于蓝而胜于蓝。自1958年研制出第一台数控机床后，1978年产量超过美国，至今其产量、出口量一直居世界首位。战略上先仿后创，先生产量大而广的中档数控机床，大量出口，占据世界广大市场。从20世纪80年代开始，日本进一步加大科研力度，向高性能数控机床发展。

（4）中国。

机床产业作为现代工业基石，是工业经济发展过程中无论如何都不能绕过的一个关键性问题。我国机床产业由于"先天不足"，一直在中高端机床项目发展上落后于国外主流水准，正处于一个追赶的过程当中。

我国数控机床仍然较为落后：国内数控机床市场巨大，与国外产品相比，我国的差距主要在机床的高速高效化和精密化上。我国正处于工业化中期，即正从解决短缺为主的开放国家逐步向建设经济强国转变，从脱贫向致富转变。煤炭、汽车、钢铁、房地产、建材、机械、电子、化工等一批以重工业为基础的高增长行业发展势头强劲，对机床市场尤其是数控机床的需求巨大。

国内市场国际化竞争加剧：由于中低档数控机床市场萎缩和生产能力过剩，加之国外产品低价涌入，市场竞争将进一步加剧。而高档产品由于长期以来一直依赖进口，国内产品更加面临着国际化竞争的严峻挑战。

以技术领先的策略正在向以客户为中心的策略转变：经济危机往往会催生大规模的产业升级和企业转型，机床工具行业实现制造业服务化，核心在于要以客户为中心，积极提供客户需要的个性化服务。因此，从单一卖产品转向提供整体解决方案、从以技术为中心向以客户为中心转变成为当今的趋势。

我国的产品与国内市场需求反差较大，产品结构亟待快速调整：我国机床行业虽然保持多年持续快速发展，但是产业和产品结构不合理的现象依然存在，整个行业大而不强，高档产品还大量依赖进口。国产机床的国内市场占有率虽然已经有一定的提高，但是高档数控机床、核心功能部件在国内市场占有率还很低，全行业替代进口的潜力巨大。

企业技术创新模式有待完善：由于我国机床企业的地位、工业化水平和品牌影响力在逐步提升，要成为工业强国，其技术的获得再也不能依赖别人。过去，我国走了一条从模仿到引进的道路，从现在开始必须走自主创新的道路。

国内数控机床企业为了提高自身实力，更快地拓展国际市场，将采取多种手段加快和国外企业的融合，提高产品质量、提高竞争力。在继续开拓美国、日本等国家市场的同时，在东南亚、中东、欧洲、非洲等也全面开花。

据了解，当前金属切割数控机床行业运行具有以下几个特点。一是外销企业困难较大。从企业规模来看，以内销为主的品牌知名度较高的企业发展势头较好，品牌知名度较低的中小企业发展比较困难。二是各地区发展不够均衡，浙江、山东、河北、北京以及四川发展比较快，广东的民营企业发展也较快，其他地区发展较慢。

数控切割机床行业多数企业都是依靠降低产品售价来获得市场的，造成的后果是产品价格低、附加值低、利润低，企业没有足够的资金持续发展。随着产业的发展和竞争的升级，提高产品技术含量，拥有自主的专利、设计，注重品牌的打造和营销才是企业长期发展的最佳选择。

我国的铸造机床产业取得了一定的成绩，但是其发展仍然面临着许多制约性问题，技术创新一直是国内铸造机床行业的硬伤。与国外的铸造机床产业相比，我国的铸造机床产业在制造工艺水平上明显落后，这使得其在核心运行部件的技术水平和运行速度、产品精度保持性以及机床的可靠性上有着明显的不足。

我国铸造机床企业缺乏自主创新和基础理论研究的意识与能力，这就制约了我国铸造机床技术的发展。如果要改变这种现状，就要深入研究用户行业产品工艺的特点和要求，结合工艺特点开发出高水平加工设备，同时，还要注重基础理论工作的研究，这样才能让我国铸造机床产业在不久的将来有更好的发展。国家出台了一系列大力建设新兴企业、高新技术企业的政策，企业抓住了这一时机，实行了"调整与振兴""自主创新"等一系列措施，通过升级企业机床技术，严格保证产品质量，为加快铸造机床行业的发展提供了良好的环境和市场。

2. 主要特点

数控机床与传统机床相比，具有以下特点。

①高度柔性。在数控机床上加工零件主要取决于加工程序，它与普通机床不同，不必制造、更换许多模具、夹具，不需要经常重新调整机床。因此，数控机床适用于所加工的零件需要频繁更换的场合，即适合单件、小批量产品的生产及新产品的开发，从而可缩短生产准备周期，节省大量工艺装备的费用。

②加工精度高。数控机床的加工精度一般可达0.05～0.1mm。数控机床是按数字信号形式控制的，数控装置每输出一个脉冲信号，机床移动部件则移动一个脉冲当量（一

一般为0.001mm），而且机床进给传动链的反向间隙与丝杆螺距平均误差可由数控装置进行补偿，因此，数控机床定位精度比较高。

③加工质量稳定、可靠。加工同一批零件时，在同一机床、相同加工条件下，由于使用相同刀具和加工程序，刀具的走刀轨迹完全相同，因此零件的一致性好，质量稳定。

④生产率高。数控机床可有效地减少零件的加工时间和辅助时间。数控机床的主轴转速和进给量的范围大，允许机床进行大切削量的强力切削。数控机床正进入高速加工时代，数控机床移动部件的快速移动和定位及高速切削加工，可极大地提高生产率。另外，与加工中心的刀库配合使用，可实现在一台机床上进行多道工序的连续加工，减少半成品的工序间周转时间，提高生产率。

⑤可改善劳动条件。数控机床加工前是经过调整的，输入程序并启动后机床就能自动、连续地进行加工，直至加工结束。操作者要做的只是程序的输入、编辑，以及零件装卸、刀具准备、加工状态的观测、零件的检验等工作，劳动强度大大降低，机床操作者的劳动趋于智力型工作。另外，机床一般是组合起来的，既清洁又安全。

⑥生产管理现代化。数控机床的加工可预先精确估计加工时间，对所使用的刀具、夹具可进行规范化、现代化管理，易于实现加工信息的标准化，与计算机辅助设计与制造有机地结合起来，是现代化集成制造技术的基础。

3. 基本组成

数控机床的基本组成包括加工程序载体、数控装置、伺服与测量反馈系统、机床主体和其他辅助装置。下面分别对各组成部分的基本工作原理进行概要说明。

（1）加工程序载体。

数控机床工作时，不需要工人直接去操作机床，要对数控机床进行控制，必须编制加工程序。零件加工程序中，包括机床上刀具和工件的相对运动轨迹、工艺参数和辅助运动等。将零件加工程序用一定的格式和代码存储在一种程序载体上，如穿孔纸带、盒式磁带、软磁盘等，通过数控机床的输入装置，将程序信息输入CNC单元。

（2）数控装置。

数控装置是数控机床的核心。现代数控装置均采用CNC形式。这种CNC装置一般使用多个微处理器，以程序化的软件形式实现数控功能，因此又称软件数控（Software CNC）。CNC系统是一种位置控制系统，它根据输入数据插补理想的运动轨迹，然后输出到执行部件加工出所需要的零件。因此，数控装置主要由输入、处理和输出3个基本部分构成。而所有这些工作由计算机的系统程序进行合理的组织，使整个系统协调地进行工作。

①输入装置。将数控指令输入数控装置，根据程序载体的不同，相应有不同的输入装置。主要有键盘输入、磁盘输入、CAD/CAM系统直接通信方式输入和连接上级计算机的DNC（直接数控）输入，现仍有不少系统还保留有光电阅读机的纸带输入方式。

a. 纸带输入方式。可用纸带光电阅读机读入零件程序，直接控制机床运行，也可以将纸带内容读入存储器，用存储器中存储的零件程序控制机床运行。

b. MDI手动数据输入方式。操作者可利用操作面板上的键盘输入加工程序的指令，它适用于比较短的程序。在控制装置编辑状态下，用软件输入加工程序，并存入控制装置的存储器中，这种输入方式可重复使用程序。一般手动编程均采用这种方式。在具有会话编程功能的数控装置上，可按照显示器上提示的内容，选择不同的菜单，用人机对话的方法，输入有关的尺寸数字，就可自动生成加工程序。

c. 采用DNC输入方式。把零件程序保存在上级计算机中，CNC系统一边加工一边接收来自计算机的后续程序段。DNC输入方式多用于采用CAD/CAM软件设计的复杂工件并直接生成零件程序的情况。

②信息处理。输入装置将加工信息传给CNC单元，编译成计算机能识别的信息，由信息处理部分按照控制程序的规定，逐步存储并进行处理后，通过输出单元发出位置和速度指令给伺服系统和主运动控制部分。CNC系统的输入数据包括零件的轮廓信息、加工速度及其他辅助加工信息，数据处理的目的是完成插补运算前的准备工作。数据处理程序还包括刀具半径补偿、速度计算及辅助功能的处理等。

③输出装置。输出装置与伺服机构相连。输出装置根据控制器的命令接收运算器的输出脉冲，并把它送到各坐标的伺服控制系统，经过功率放大，驱动伺服系统，从而控制机床按规定要求运行。

（3）伺服与测量反馈系统。

伺服系统是数控机床的重要组成部分，用于实现数控机床的进给伺服控制和主轴伺服控制。伺服系统的作用是把接收自数控装置的指令信息，经功率放大、整形处理后，转换成机床执行部件的直线位移或角位移运动。由于伺服系统是数控机床的最后环节，其性能将直接影响数控机床的精度和速度等技术指标，因此，对数控机床的伺服驱动装置，要求具有良好的快速反应性能，准确而灵敏地跟踪数控装置发出的数字指令信号，并能忠实地执行来自数控装置的指令，提高系统的动态跟随特性和静态跟踪精度。

伺服系统包括驱动装置和执行机构两大部分。驱动装置由主轴驱动单元、进给驱动单元和主轴伺服电动机、进给伺服电动机组成。步进电动机、直流伺服电动机和交流伺服电动机是常用的驱动装置。

测量元件将数控机床各坐标轴的实际位移值检测出来并经反馈系统输入机床的数控装置中，数控装置对反馈回来的实际位移值与指令值进行比较，并向伺服系统输出达到设定值所需的位移量指令。

（4）机床主体。

机床主机是数控机床的主体。它包括床身、底座、立柱、横梁、滑座、工作台、主轴箱、进给机构、刀架及自动换刀装置等机械部件。它是在数控机床上自动地完成各种切削加工的机械部分。与传统的机床相比，数控机床主体具有如下结构特点。

①采用具有高刚度、高抗震性及较小热变形的机床新结构。通常用提高结构系统的静刚度、增加阻尼、调整结构件质量和固有频率等方法来提高机床主机的刚度和抗震性，使机床主体能适应数控机床连续自动地进行切削加工的需要。采取改善机床结构布局、减少发热、控制温升及热位移补偿等措施，可减少热变形对机床主机的影响。

②广泛采用高性能的主轴伺服驱动和进给伺服驱动装置，使数控机床的传动链缩短，简化了机床机械传动系统的结构。

③采用高传动效率、高精度、无间隙的传动装置和运动部件，如滚珠丝杆螺母副、塑料滑动导轨、直线滚动导轨、静压导轨等。

（5）数控机床辅助装置。

辅助装置是保证充分发挥数控机床功能所必需的配套装置。常用的辅助装置包括气动、液压装置，排屑装置，冷却、润滑装置，回转工作台和数控分度头，防护，照明等各种辅助装置。

4. 技术应用

数控机床是一种装有程序控制系统的自动化机床，能够根据已编好的程序，使机床动作并加工零件。它综合了机械、自动化、计算机、测量、微电子等最新技术，使用了多种传感器。在数控机床上应用的传感器主要有光电编码器、直线光栅、接近开关、温度传感器、霍尔传感器、电流传感器、电压传感器、压力传感器、液位传感器、旋转变压器、感应同步器、速度传感器等，主要用来检测位置、直线位移和角位移、速度、压力、温度等。

（1）数控机床对传感器的要求。

①可靠性高和抗干扰性强。

②满足精度和速度的要求。

③使用、维护方便，适合机床运行环境。

④成本低。

不同种类的数控机床对传感器的要求也不尽相同。一般来说，大型机床要求的响应速度高，中型和高精度数控机床以要求精度为主。

（2）感应同步器的应用。

感应同步器是利用两个平面形绕组的互感随位置不同而变化的原理制成的。其功能是将角度或直线位移转变成感应电动势的相位或幅值，可用来测量直线或转角位移。按其结构可分为直线式和旋转式两种。直线式感应同步器由定尺和滑尺两部分组成，定尺安装在机床床身上，滑尺安装于移动部件上，随工作台一起移动；旋转式感应同步器定子为固定的圆盘，转子为转动的圆盘。感应同步器具有较高的精度与分辨力、抗干扰能力强、使用寿命长、维护简单、长距离位移测量、工艺性好、成本较低等优点。旋转式感应同步器则被广泛地用于机床和仪器的转台以及各种回转伺服控制系统中。

6.1.3　智能仓储

智能仓储是物流过程的一个环节。智能仓储的应用可保证货物仓库管理各个环节数据输入的速度和准确性，确保企业及时准确地掌握库存的真实数据，合理保持和控制企业库存。通过科学的编码，还可方便地对库存货物的批次、保质期等进行管理。利用SNHGES系统的库位管理功能，可以及时掌握所有库存货物当前所在位置，有利于提高仓库管理的工作效率。

智能物流及仓储系统是由立体货架、有轨巷道堆垛机、出入库输送系统、信息识别系统、自动控制系统、计算机监控系统、计算机管理系统以及其他辅助设备组成的智能化系统。该系统采用一流的集成化物流理念设计，通过先进的控制、总线、通信和信息技术应用，协调各类设备动作实现自动出入库作业。

智能物流及仓储系统是智能制造工业4.0快速发展的一个重要组成部分。它具有节约用地、减轻劳动强度、避免货物损坏或遗失、消除差错、提高仓储自动化水平及管理水平、提高管理和操作人员素质、降低储运损耗、有效地减少流动资金的积压、提高物流效率等诸多优点。

国内较成熟的智能仓储解决方案除具备全面物资管理功能外，另有多种功能。

①动态盘点：支持"多人+异地+同时"盘点，盘点的同时可出入库记账，盘点非常直观。

②动态库存：重现历史时段库存情况，方便财务审计。

③单据确认：入库、出库、调拨制单后需要进行确认更新库存。

④RFID手持机管理：使用手持机进行单据确认、盘点、查询统计。

⑤库位管理：RFID关联四号定位（库、架、层、位）。

⑥质检管理：强检物品登记、入库质检确认、外检通知单。

⑦定额管理：领料定额、储备定额、项目定额。

⑧全生命周期管理：物资从入库到出库直至报废全过程管理。

⑨工程项目管理：单项工程甲方供料管理。

⑩ 需求物资采购计划审批：审批权限、审批流程、入库通知单，实现无限制审批层级。

智能仓储解决方案还配有入库机、出库机、查询机等诸多硬件设备。

（1）建立。

建立一个智能仓储系统需要物联网的鼎力支持，现代仓储系统内部不仅物品复杂、形态各异、性能各异，而且作业流程复杂，既有存储，又有移动；既有分拣，也有组合。因此，以仓储为核心的智能物流中心，经常采用的智能技术有自动控制技术、智能机器人堆码垛技术、智能信息管理技术、移动计算技术、数据挖掘技术等。对于上面的这些情况，物联网的应用可以化繁为简，大大提高整个物流配送的效率。立体仓库设备如图6-1所示。

图6-1　立体仓库设备

（2）应用特点。

在国内物联网的应用中，智能仓储系统主要有以下几个方面的特点。首先，感知技术应用情况比较良好。在我国仓储业应用最多的物联网感知技术是RFID技术，在一些先进的仓储配送中心，RFID标签及智能无线射频手持终端有比较广泛的应用。这是因为，将RFID技术与托盘系统结合，在仓储配送中心进行闭环应用，可以有效降低成本。我们也知道在普通的仓储系统中，除基于条码的自动识别技术具有广泛应用外，"电子标签辅助拣选系统"也有一定的应用。这里所谓的电子标签指的不是RFID标签，而是采用电子指示标签进行拣选作业的系统。利用这一系统将出入库订单经计算机系统分解后，传输到货架各货位，用电子显示技术引导拣货的辅助拣选系统。这一系统简洁实用，应用较广。

（3）发展前景。

现代物流最大的趋势就是网络化与智能化。在制造企业内部，现代仓储配送中心往往与企业生产系统相融合，仓储系统作为生产系统的一部分，在企业生产管理中起着非常重要的作用。因此仓储技术的发展不是与公司的业务相互割裂的，与其他环节的整合、配合才更有助于仓储行业的发展。

6.2 智能识别技术

6.2.1 机器视觉技术

机器视觉技术是一门涉及人工智能、神经生物学、心理物理学、计算机科学、图像处理、模式识别等诸多领域的交叉学科。机器视觉主要用计算机来模拟人的视觉功能，从客观事物的图像中提取信息进行处理并加以理解，最终用于实际检测、测量和控制。机器视觉技术最大的特点是速度快、信息量大、功能多。

1. 技术特征

（1）基本简介。

机器视觉主要用计算机来模拟人的视觉功能，但并不仅仅是人眼功能的简单延伸，更重要的是具有人脑的一部分功能——从客观事物的图像中提取信息进行处理并加以理解，最终用于实际检测、测量和控制。

（2）系统优势。

将机器视觉技术应用于禽蛋品质检测具有人工检测所无法比拟的优势。表面缺陷与大小、形状是蛋品品质的重要特征，利用机器视觉进行检测不仅可以排除人的主观因素的干扰，而且能够对这些指标进行定量描述，避免因人而异的检测结果，减小检测分级误差，提高生产率和分级精度。

（3）系统组成。

一个典型的工业机器视觉应用系统，包括数字图像处理技术、机械工程技术、控制技术、光源照明技术、光学成像技术、传感器技术、模拟与数字视频技术、计算机软硬件技术、人机接口技术等。

2. 技术解析

（1）基本概念。

机器视觉，即采用机器代替人眼来做测量和判断。机器视觉系统是指通过机器视觉产品（图像摄取装置，分CMOS和CCD两种）把图像抓取到，然后将图像传送至处理单元，通过数字化处理，根据像素分布和亮度、颜色等信息，来进行尺寸、形状、颜色等的判别，进而根据判别的结果来控制现场的设备动作。

（2）应用简介。

机器视觉伴随计算机技术、现场总线技术的发展日臻成熟，已是现代加工制造业不可或缺的技术，广泛应用于食品和饮料、化妆品、制药、建材、化工、金属加工、电子制造、包装、汽车制造等行业。

（3）应用影响。

机器视觉的引入代替了传统的人工检测方法，极大地提高了生产效率和投放市场的产品质量。

由于机器视觉系统可以快速获取大量信息，而且易于自动处理，也易于同设计信息和加工控制信息集成，因此，在现代自动化生产过程中，人们将机器视觉系统广泛地用于工况监视、成品检验和质量控制等领域。机器视觉系统的特点是提高了生产的柔性和自动化程度。在一些不适合人工作业的危险工作环境或人工视觉难以满足要求的场合，常用机器视觉来替代人工视觉；同时在大批量工业生产过程中，用人工视觉检查产品质量效率低且精度不高，而用机器视觉检测方法可以大大提高生产效率和生产的自动化程度。而且机器视觉易于实现信息集成，是实现计算机集成制造的基础技术。

（4）机器视觉工业检测系统类型。

机器视觉工业检测系统就其检测性质和应用范围而言，分为定量和定性检测两大类，每类又分为不同的子类。机器视觉在工业在线检测的各个应用领域十分活跃，如印制电路板的视觉检查、钢板表面的自动探伤、大型工件平行度和垂直度测量、容器容积或杂质检测、机械零件的自动识别分类和几何尺寸测量等。此外，在许多其他方法难以检测的场合，利用机器视觉系统都可以有效地实现。机器视觉的应用正越来越多地代替人去完成许多工作，这无疑在很大程度上提高了生产自动化水平和检测系统的智能水平。

（5）机器视觉与计算机视觉的不同。

机器视觉不同于计算机视觉，它涉及图像处理、人工智能和模式识别。

机器视觉是专注于集合机械、光学、电子、软件系统，检查自然物体和材料、人工缺陷和生产制造过程的工程，它是为了检测缺陷和提高质量、操作效率，并保障产品和过程安全。它也用于控制机器。机器视觉是将计算机视觉应用于工业自动化。

3. 应用实例

机器视觉系统在质量检测的各个方面得到了广泛的应用。例如，采用激光扫描与CCD探测系统的大型工件平行度、垂直度测量仪，以稳定的准直激光束为测量基线，配以回转轴系，旋转五角标棱镜扫出互相平行或垂直的基准平面，将其与被测大型工件的各面进行比较。在加工或安装大型工件时，可用机器视觉系统测量面间的平行度及垂直度。以频闪光作为照明光源，利用面阵和线阵CCD作为螺纹钢外形轮廓尺寸的探测器件，实现热轧螺纹钢几何参数在线测量的动态检测。视觉技术通过实时监控轴承的负载和温度变化，消除过载和过热的危险。将传统通过测量滚珠表面保证加工质量和安全操作的被动式测量变为主动式监控。用微波作为信号源，根据微波发生器发出不同波特率的方波，测量金属表面的裂纹，微波的波的频率越高，可测的裂纹越小。

4. 系统类型

（1）基于机器视觉的仪表板总成智能集成测试系统。

EQ140-Ⅱ汽车仪表板总成是我国某汽车公司生产的仪表产品，仪表板上安装有速度里程表、水温表、汽油表、电流表、信号报警灯等，其生产批量大，出厂前需要进行一次质量终检。检测项目包括检测速度表等5个仪表指针的指示误差、检测24个信号报警灯和若干照明灯是否损坏或漏装等。一般采用人工目测方法检查，由于误差大，可靠性差，不能满足自动化生产的需要。基于机器视觉的智能集成测试系统改变了这种现状，实现了对仪表板总成智能化、全自动、高精度、快速质量检测，避免了人工检测可能造成的各种误差，大大提高了检测效率。整个系统分为4个部分：为仪表板提供模拟信号源的集成化多路标准信号源、具有图像信息反馈定位的双坐标CNC系统、摄像机图像获取系统和主从机平行处理系统。

（2）金属板表面自动控伤系统。

金属板如大型电力变压器线圈等的表面质量都有很高的要求，但原始的采用人工目视或用百分表指针的检测方法不仅易受主观因素的影响，而且可能会给被测表面带来新的划伤。金属板表面自动探伤系统利用机器视觉技术对金属表面缺陷进行自动检查，在生产过程中高速、准确地进行检测，同时由于采用非接触式测量，避免了产生新划伤的可能。在此系统中，采用激光器作为光源，通过针孔滤波器滤除激光束周围的杂散光，通过扩束镜和准直镜使激光束变为平行光并以45°的入射角均匀照明被检查的金属板表面。金属板放在检验台上，检验台可在 x、y、z 3个方向上移动。摄像机采用TCD142D型2048线CCD，镜头采用普通照相机镜头，CCD接口电路采用单片机系统。主机PC主要完成图像预处理及缺陷的分类或划痕的深度运算等，并可将检测到的缺陷或划痕图像在显示器上显示。CCD接口电路和PC之间通过RS 232接口进行双向通信，结合异步A/D转换方式构成人机交互式的数据采集与处理。

金属板表面自动探伤系统主要利用线阵CCD的自扫描特性与被检查钢板x方向的移动相结合，取得金属板表面的三维图像信息。

（3）汽车车身检测系统。

英国LAND ROVER汽车公司800系列汽车车身轮廓尺寸精度的100%在线检测，是机器视觉系统用于工业检测中的一个较为典型的例子。该系统由62个测量单元组成，每个测量单元包括一台激光器和一个CCD摄像机，用以检测车身外壳上288个测量点。汽车车身置于测量框架下，通过软件校准车身的精确位置。

测量单元的校准将会影响检测精度，因而受到特别重视。每个激光器/摄像机单元均在离线状态下经过校准。同时，还有一个在离线状态下用三坐标测量机校准过的校准装置，可对摄像机进行在线校准。

检测系统以每40s检测一个车身的速度检测3种类型的车身。系统将检测结果与从CAD模型中导出来的合格尺寸相比较，测量精度为 ± 0.1mm。LAND ROVER的质量检测人员用该系统来判别关键部分的尺寸一致性，如车身整体外形、门、玻璃窗口等。实践证明，该系统是成功的，并将用于LAND ROVER公司其他系列汽车的车身检测。

（4）纸币印刷质量检测系统。

纸币印刷质量检测系统利用图像处理技术，通过对纸币生产流水线上纸币的20多项特征（号码、盲文、颜色、图案等）进行比较分析，检测纸币的质量，替代传统的人眼辨别的方法。

（5）智能交通管理系统。

智能交通管理系统通过在交通要道放置摄像头，当有违章车辆时，摄像头将车辆的牌照拍摄下来，传输给中央管理系统，系统利用图像处理技术对拍摄的图像进行分析，提取出车牌号等存储在数据库中，以供管理人员进行检索。

（6）金相图像分析系统。

金相图像分析系统能对金属或其他材料的基体组织、杂质含量、组织成分等进行精确、客观的分析，为产品质量提供可靠的依据。

（7）医疗图像分析系统。

医疗图像分析系统可用于血液细胞自动分类计数、染色体分析、癌症细胞识别等。

（8）瓶装啤酒生产流水线检测系统。

瓶装啤酒生产流水线检测系统可以检测啤酒是否达到标准的容量、啤酒标签是否完整等。

5. 应用现状

（1）自动印刷品质量检测。

自动印刷品质量检测设备采用的检测系统多是先利用高清晰度、高速摄像镜头拍摄标准图像，在此基础上设定一定标准，然后拍摄被检测的图像，再将两者进行对比。CCD线性传感器将每个像素的光量变化转换成电子信号，对比之后只要发现被检测图像与标准图像有不同之处，系统就认为这个被检测图像为不合格品。印刷过程中产生的各种错误，对计算机来说只是标准图像与被检测图像对比后的不同，如污迹、浅印、墨点色差等缺陷都包含在其中。

最早用于印刷品质量检测的是将标准影像与被检测影像进行灰度对比的技术，较先进的技术是以RGB三原色为基础进行对比。全自动机器检测与人眼检测相比，区别在哪里？以人的目视为例，当我们聚精会神地注视某印刷品时，如果印刷品的对比色比较强烈，那么人眼可以发现的最小的缺陷是对比色明显、不小于0.3mm的缺陷，但依靠人的能力很难保持持续的、稳定的视觉效果。可是换一种情况，如果在同一色系的印刷品中寻找缺陷，尤其是在淡色系中寻找质量缺陷，人眼能够发现的缺陷至少需要有20个灰度级差；而自动化的机器则能够轻而易举地发现0.1mm大小的缺陷，即使这种缺陷与标准图像仅有一个灰度级的区别。

但是从实际使用上来说，即便是同样的全色对比系统，其辨别色差的能力也不同。有些系统能够发现轮廓部分及色差变化较大的缺陷，而有些系统则能识别极微小的缺陷。对于白卡纸和一些简约风格的印刷品来说，如日本的KENT烟标、美国的万宝路烟标，简单的检测或许已经足够了。而国内的多数印刷品，特别是各种标签，具有许多特点，带有太多的闪光元素，如金、银卡纸，烫印、压凹凸或上光印刷品，这就要求质量检测设备必须具备足够地发现极小灰度级差的能力，也许是5个灰度级差，也许是更严格的1个灰度级差。这一点对国内标签市场是至关重要的。

标准影像与被检印刷品影像的对比精确是检测设备的关键。通常情况下，检测设备通过镜头采集影像，在镜头范围内的中间部分影像非常清晰，但边缘部分的影像可能会产生虚影，而虚影部分的检测结果会直接影响到整个检测的准确性。从这一点来说，仅是全幅区域的对比并不适合于某些精细印刷品。如果能够将所得到的图像再次细分，比如将影像分为1024像素×4096像素或2048像素×4096像素，那么检测精度将大幅提高，同时因为避免了边缘部分的虚影，从而使检测的结果更加稳定。

采用检测设备进行质量检测可提供检测全过程的实时报告和详尽、完善的分析报告。现场操作者可以凭借全自动检测设备的及时报警，根据实时分析报告，及时对工作中的问题进行处理，或许将不仅降低废品率，管理者还可以依据检测结果的分析报告，对生产过程进行跟踪，更有利于生产技术的管理。因为客户所要求的高质量的检测设备，不仅停留在检出印刷品的好与坏，还要求具备事后的分析能力。某些质量检测设备所能做的不仅可以提升成品的合格率，还能协助生产商改进工艺流程，建立质量管理体系，形成长期、稳定的质量标准。

（2）折射在现代包装行业中的应用。

在现代包装工业自动化生产中，涉及各种各样的检查、测量，比如饮料瓶盖的印刷质量检查、产品包装上的条码和字符识别等。这类应用的共同特点是连续大批量生产、对外观质量的要求非常高。通常这种带有高度重复性和智能性的工作只能靠人工检测来完成，我们经常在一些工厂的现代化流水线后面看到数以百计甚至逾千的检测工人在执行这道工序，在给工厂增加巨大的人工成本和管理成本的同时，仍然不能保证较高的检验合格率；而当今企业之间的竞争，已经不允许哪怕是0.1%的缺陷存在。有些时候，如微小尺寸的精确快速测量、形状匹配、颜色辨识等，用人眼根本无法连续稳定地进行，其他物理量传感器也难有用武之地。这时，人们开始考虑计算机的快速性、可靠性、结果的可重复性，从而引入了机器视觉技术。

一般来说，首先采用CCD照相机将被摄取目标转换成图像信号传送给专用的图像处理系统，图像处理系统根据像素分布和亮度、颜色等信息，如面积、长度、数量、位置等进行处理；然后系统根据预设的容许度和其他条件输出结果，如尺寸、角度、偏移量、个数、合格/不合格、有/无等。机器视觉的特点是自动化、客观、非接触和高精度。与一般意义上的图像处理系统相比，机器视觉强调的是精度和速度，以及工业现场环境下的可靠性。机器视觉极适用于大批量生产过程中的测量、检查和辨识，如对IC表面印字的辨识、对食品包装上面生产日期的辨识、对标签贴放位置的检查等。

（3）机器视觉的技术进展。

在机器视觉系统中，关键技术有光源照明技术、光学镜头、摄像机、图像采集卡、图像处理卡和快速准确的执行机构等。在机器视觉应用系统中，好的光源与照明方案往往是整个系统成败的关键，起着非常重要的作用。它并不是简单地照亮物体而已。光源与照明方案的配合应尽可能地突出物体特征量，在物体需要检测的部分与那些不重要部分之间应尽可能地产生明显的区别，如增加对比度，同时还应保证足够的整体亮度。物体位置的变化不应该影响成像的质量。在机器视觉应用系统中一般使用透射光和反射光。对于使用反射光的情况应充分考虑光源和光学镜头的相对位置、物体表面的纹理、物体的几何形状、背景等要素。光源的选择必须符合所需的几何形状、照明亮度、均匀度、发光的光谱特性等，同时还要考虑光源的发光效率和使用寿命。光学镜头相当于人眼的晶状体，在机器视觉系统中非常重要。一个镜头的成像质量优劣即其对象差校正的优良与否，可通过像差大小来衡量，常见的像差有球差、彗差、像散、场曲、畸变、色差6种。

摄像机和图像采集卡共同完成对物料图像的采集与数字化。高质量的图像信息是系统正确判断和决策的原始依据，是整个系统成功与否的又一关键所在。在机器视觉系统中，CCD摄像机以其体积小巧、性能可靠、清晰度高等优点得到了广泛使用。CCD摄像机按照其使用的CCD器件可以分为线阵式和面阵式两大类。线阵CCD摄像机一次只能获得图像的一行信息，被拍摄的物体必须以直线形式从摄像机前移过才能获得完整的图像，因此非常适合于以一定速度匀速运动的物料流的图像检测。而面阵CCD摄像机可以一次获得整幅图像的信息。图像信号的处理是机器视觉系统的核心，它相当于人的大脑。如何对图像进行处理和运算，即算法，都体现在这里，是机器视觉系统开发中的重点和难点所在。随着计算机技术、微电子技术和大规模集成电路技术的快速发展，为了提高系统的实时性，对图像处理的很多工作都可以借助硬件来完成，如DSP、专用图像信号处理卡等；软件则主要用于完成算法中非常复杂、不太成熟、尚需不断探索和改变的部分。

从产品本身来看，机器视觉会越来越趋于依靠PC技术，并且与数据采集等其他控制和测量技术的集成会更紧密。基于嵌入式的产品将逐渐取代板卡式产品，这是一个不断增长的趋势。主要原因是随着计算机技术和微电子技术的迅速发展，嵌入式系统应用领域越来越广泛，尤其是其低功耗的特点得到人们的重视。此外，嵌入式操作系统绝大部分是以C语言为基础的，因此使用C语言进行嵌入式系统开发是一项带有基础性质的工作，使用高级语言的优点是可以提高工作效率，缩短开发周期，更主要的是开发出的产品可靠性高、可维护性好、便于不断完善和升级换代等。因此，嵌入式产品将会取代板卡式产品。

机器视觉是自动化的一部分，没有自动化就不会有机器视觉。机器视觉软硬件产品正逐渐成为协作生产制造过程中不同阶段的核心系统，无论是用户还是硬件供应商都将机器视觉产品作为生产线上信息收集的工具，这就要求机器视觉产品大量采用"标准化技术"，直观地说，就是要随着自动化的开放而逐渐开放，可以根据用户的需求进行二次开发。当今，自动化企业正在倡导软硬一体化解决方案，机器视觉的厂商在未来5～6年也应该不只是提供产品的供应商，而是逐渐向一体化解决方案的系统集成商迈进。

在未来的几年内，随着我国加工制造业的发展，对于机器视觉的需求也会逐渐增多。随着机器视觉产品的增多，技术的提高，国内机器视觉的应用状况将由初期的低端转向高端。由于机器视觉的介入，自动化将朝着更智能、更快速的方向发展。

6.2.2　射频识别技术

射频识别（Radio Frequency Identification，RFID）技术又称无线射频识别技术，是一种通信技术，俗称电子标签。它可通过无线电信号识别特定目标并读写相关数据，而无须识别系统与特定目标之间建立机械或光学接触。

射频识别技术

1. 背景

射频标签是产品电子代码的物理载体，附着于可跟踪的物品上，可全球流通并对其进行识别和读写。RFID技术作为构建物联网的关键技术，近年来受到人们的关注。RFID技术起源于英国，应用于第二次世界大战中辨别敌我飞机身份，20世纪60年代开始商用。RFID 技术是一种自动识别技术，美国国防部规定 2005 年 1 月 1 日以后，所有军需物资都要使用 RFID 标签。沃尔玛、麦德龙等零售商应用 RFID 技术的一系列行动更是推动了RFID技术在全世界的应用热潮。2000年时，每个RFID标签的价格是1 美元。许多研究者认为RFID标签非常昂贵，只有降低成本才能大规模应用。2005年，每个 RFID标签的价格是12美分左右，现在超高频 RFID标签的价格是 10 美分左右。RFID标签要大规模应用，一方面要降低RFID标签价格，另一方面要看应用RFID技术之后能否带来增值服务。欧盟统计办公室的统计数据表明，2010年欧盟有3%的公司应用 RFID 技术，应用分布在身份证件和门禁控制、供应链和库存跟踪、汽车收费、防盗、生产控制、资产管理等方面。

2. 简介

（1）定义。

射频识别（RFID）是一种无线通信技术，可以通过无线电信号识别特定目标并读写相关数据，而无须识别系统与特定目标之间建立机械或者光学接触。

无线电信号是通过调成无线电频率的电磁场，把数据从附着在物品上的标签上传送出去，以自动辨识与追踪该物品。在识别某些标签时从识别器发出的电磁场中就可以得到能量，并不需要电池；也有标签本身拥有电源，并可以主动发出无线电波（调成无线电频率的电磁场）。标签包含电子存储的信息，数米之内都可以识别。与条形码不同的是，射频标签不需要处在识别器"视线"之内，也可以嵌入被追踪物体之内。

许多行业运用了射频识别技术。例如，将标签附着在一辆正在生产中的汽车上，厂方便可以追踪此车在生产线上的进度；将标签附着在药品包装上，仓库可以追踪药品的所在。射频标签也可以附于牲畜与宠物上，方便对牲畜与宠物的准确识别。射频识别的身份识别卡可以使员工得以进入"锁住"的建筑部分，汽车上的射频应答器也可以用来征收收费路段与停车场的费用。

某些射频标签附在衣物、财物上，甚至植入人体之内。由于这项技术可能会在未经本人许可的情况下读取个人信息，因此这项技术也会有侵犯个人隐私的隐患。

（2）结构与组成。

从结构上讲，RFID是一种简单的无线系统，只有两种基本器件，用于控制、检测和跟踪物体。系统由一个询问器（平台）和很多应答器组成。

从组成上来说，射频识别包含3个部分。

①标签（Tag）：由耦合元件及芯片组成，每个标签具有唯一的电子编码，附着在物体上以标识目标对象。

②阅读器（Reader）：读取（有时还可以写入）标签信息的设备，可设计为手持式或固定式。

③天线（Antenna）：在标签和读取器间传递射频信号。

（3）特点。

射频识别系统最重要的优点之一是非接触识别。它能穿透雪、雾、冰、涂料、尘垢和条形码无法使用的恶劣环境阅读标签，并且阅读速度极快，大多数情况下不到100ms。有源式射频识别系统的速写能力也是重要的优点，可用于流程跟踪和维修跟踪等交互式业务。

制约射频识别系统发展的主要问题是不兼容的标准。射频识别系统的主要厂商提供的都是专用系统，导致不同的应用和不同的行业采用不同厂商的频率和协议标准，这种混乱和割据的状况已经制约了整个射频识别行业的发展。许多欧美组织正在着手解决这个问题，并已经取得了一些成绩。标准化必将刺激射频识别技术的大幅度发展和广泛应用。其主要有如下特点。

①快速扫描。RFID辨识器可同时辨识读取数个RFID标签。

②体积小型化、形状多样化。RFID在读取上并不受尺寸大小与形状限制，不需要为了读取精确度而配合纸张的固定尺寸和印刷品质。此外，RFID标签往小型化与多样形态发展，以应用于不同产品。

③抗污染能力和耐久性。传统条形码的载体是纸张，因此容易受到污染，但RFID对水、油和化学药品等物质具有很强的抵抗性。此外，因为条形码是附于塑料袋或外包装纸箱上的，所以特别容易受到折损；RFID卷标是将数据存在芯片中，因此可以免受污损。

④可重复使用。现今的条形码印刷上去之后就无法更改，RFID标签则可以重复地新增、修改、删除RFID卷标内存储的数据，方便信息的更新。

⑤穿透性和无屏障阅读。在被覆盖的情况下，RFID能够穿透纸张、木材和塑料等非

金属或非透明的材质,并能够进行穿透性通信。而条形码扫描机必须在近距离而且没有物体阻挡的情况下,才可以辨读条形码。

⑥数据的记忆容量大。一维条形码的容量是50B,二维条形码可存储约3 000B数据,RFID最大的容量则有数兆字节。随着记忆载体的发展,数据容量也有不断扩大的趋势。未来物品所需携带的资料量会越来越大,对卷标所能扩充容量的需求也相应增加。

⑦安全性。由于RFID承载的是电子式信息,其数据内容可经由密码保护,使其内容不易被伪造及变造。

RFID因其所具备的远距离读取、高存储量等特性而备受瞩目。它不仅可以帮助一个企业大幅提高货物、信息管理的效率,还可以让销售企业和制造企业互联,从而更加准确地接收反馈信息,控制需求信息,优化整个供应链。

(4)工作原理。

RFID技术的基本工作原理并不复杂:标签进入磁场后,接收解读器发出的射频信号,凭借感应电流所获得的能量发送出存储在芯片中的产品信息(无源标签或被动标签),或者由标签主动发送某一频率的信号(Active Tag,有源标签或主动标签),解读器读取信息并解码后,送至中央信息系统进行有关数据处理。

一套完整的RFID系统由阅读器、电子标签(也就是所谓的应答器),以及应用软件系统3个部分所组成。其工作原理是Reader(阅读器)发射特定频率的无线电波,用以驱动电路将内部的数据送出,此时Reader依序接收解读数据,并送给应用程序做相应的处理。

以RFID卡片阅读器及电子标签之间的通信及能量感应方式来看,RFID大致上可以分成感应耦合及后向散射耦合两种。一般低频的RFID大都采用前一种方式,而较高频的大多采用后一种方式。

阅读器根据使用的结构和技术不同可以是读或读/写装置,是RFID系统信息控制和处理中心。阅读器通常由耦合模块、收发模块、控制模块和接口单元组成。阅读器和应答器之间一般采用半双工通信方式进行信息交换,同时阅读器通过耦合给无源应答器提供能量和时序。在实际应用中,可进一步通过Ethernet或WLAN等实现对物体识别信息的采集、处理及远程传送等管理功能。应答器是RFID系统的信息载体,大多是由耦合元件(线圈、微带天线等)和微芯片组成的无源单元。

3. 应用实例

(1)射频门禁。

门禁系统应用射频识别技术可以实现持有效电子标签的车不停车,方便通行又节约时间,可提高路口的通行效率,更重要的是可以对小区或停车场的车辆出入进行实时的监控，准确验证出入车辆和车主身份，维护区域治安，使小区或停车场的安防管理更加人性化、信息化、智能化、高效化。

（2）电子溯源。

溯源技术大致有3种：第一种是无线射频技术，在产品包装上加贴一个带芯片的标识，产品进出仓库和运输就可以自动采集和读取相关的信息，产品的流向都可以记录在芯片上；第二种是二维码，消费者只需要通过带摄像头的手机扫描二维码，就能查询到产品的相关信息，查询的记录都会保留在系统内，一旦产品需要召回就可以直接发送短信给消费者，实现精准召回；第三种是条码加上产品批次信息（如生产日期、生产时间、批号等），采用这种方式生产企业基本不增加生产成本。

电子溯源系统可以实现所有批次产品从原料到成品、从成品到原料100%的双向追溯功能。这个系统最大的特色功能之一就是数据的安全性，在每个人工输入的环节均有软件实时备份。

（3）食品溯源。

采用RFID技术进行食品溯源在一些城市已经开始试点，包括宁波、广州、上海等。食品、药品的溯源主要解决食品、药品来源的跟踪问题，如果发现了有问题的产品，可以简单地追溯，直到找到问题的根源。

（4）产品防伪。

RFID技术经过几十年的发展，技术本身已经非常成熟，在我们日常生活中随处可见。应用于防伪实际就是在普通的商品上加一个RFID标签，标签本身相当于一个商品的身份证，伴随商品生产、流通、使用各个环节，在各个环节记录商品各项信息。标签本身具有以下特点：每个标签具有唯一的标识信息，在生产过程中将标签与商品信息绑定，在后续流通、使用过程中标签都唯一代表了所对应的那一件商品。电子标签具有可靠的安全加密机制，正因为如此，现今我国第二代居民身份证和后续的银行卡都采用这种技术。不管是在售前、售中、售后只要用户想验证商品，都可以采用非常简单的方式对其进行验证。随着NFC手机的普及，用户自己的手机将是最简单、可靠的验真设备。一般的标签保存时间可以达到几年、十几年甚至几十年，这样的保存周期对于绝大部分产品已足够了。为了考虑信息的安全性，RFID在防伪上的应用一般采用13.56M频段标签。RFID标签配上一个统一的分布式平台，就构成了一套全过程的商品防伪体系。

RFID防伪虽然优点很多，但是也存在明显的劣势，其中较突出的是成本问题。成本问题主要体现在标签成本和整套防伪体系的构建成本，标签成本一般在1元左右，对于普通廉价商品来说想要使用RFID防伪还不太现实。另外，整套防伪体系的构建成本也比较高，一般企业很难实现并推广，对于规模不大的企业来说比较适合直接使用第三方的RFID防伪平台。

（5）博物馆。

美国加利福尼亚州技术创新博物馆正使用RFID技术来拓展和增强参观者的参观体验。他们给前来参观的访问者每人一个RFID标签，使其今后能够在其个人网页上浏览此项展会的相关信息；这种标签还可用来确定博物馆的参观者所访问的目录列表中的语言类别。或许在未来的某天，美国的技术创新博物馆将会开发出一种展示品，用来探测RFID技术对于整个世界的影响。

美国技术创新博物馆成立于1990年。自成立以来，就成为硅谷有名又受欢迎的参观地，并吸引了很多家庭和科技爱好者前来参观访问。该博物馆每年大约能接待40万名参观者。从参观者所做出的积极良好的反应来看，使用RFID标签是成功的。

美国技术创新博物馆对于那些对人类科学、生命科学及交流等作出贡献的科学技术将进行永久性的展示，并将对硅谷的革新者等所做出的业绩进行详细的展示。一个名为"Genetics: Technology with a Twist"的生命科学展会于2004年3月在该博物馆举行。展会上该博物馆展示了使用RFID 标签的方案，即给前来参观的访问者每人一个RFID标签，使其今后能够在其个人网页上浏览采集此项展会的相关信息。

以往，由于其他参观者的影响以及时间限制等问题，参观者并不能像其所期望的能够很好地了解和学习较多的与展示相关的知识。通过使用RFID标签来自动地创造出个人化的信息网页，参观者便可以选择在其方便的时候在网页上查询某个展示议题的相关资料，或者找寻博物馆中的相关资料文献。

在参观结束之后，参观者还可以在学校或家中通过网络访问网站并输入其标签上一个16位的ID进行登录，这样他们就可以访问其独有的个人网页了。很多家美国及其他国家的博物馆都打算在卡片或徽章的同一端上使用RFID技术。丹麦的一家自然历史博物馆已经开始以PDA的形式将识读器交到参观者手中，并将标签与展示内容结合起来。据悉该博物馆是第一家使用RFID技术的博物馆。

（6）世博会。

上海市政府一直在积极探索如何应用新技术提升组会能力，以更好地展示上海城市形象。RFID技术在大型会展中的应用已经得到验证，2005年爱知世博会的门票系统就采用了RFID 技术，做到了大批参观者的快速入场。2006 年世界杯主办方也采用了嵌入RFID 芯片的门票，起到了防伪的作用。这引起了大型会展的主办方的关注。在2008 年的北京奥运会上，RFID 技术得到了广泛应用。

2010年的世博会在上海举办，对主办者、参展者、参观者、志愿者等各类人群有大量的信息服务需求，包括人流疏导、交通管理、信息查询等，RFID 系统正是满足这些需求的有效手段之一。世博会的主办者关心门票的防伪。参展者比较关心究竟有哪些参观者参观过自己的展台。参观者想迅速获得自己所要的信息，找到所关心的展示内容。

（7）其他方面的使用。

防盗电子标签已经被运用到了很多方面，譬如医疗、图书馆、商场等，但是对珠宝等一些奢侈品来说，还是相对陌生的，因为即使有一小部分珠宝企业在某些珠宝类商品上做了相关的防盗电子标签，只不过是提升了珠宝企业的工作效率，譬如盘点、点仓、出入库，以及降低失窃率而已，对购买珠宝的持有者作用不是特别大。珠宝企业需要的是在此基础上增加珠宝被购买后还能继续提供跟踪定位功能，这样不仅能让顾客以后都能放心地佩戴珠宝，而且即使不小心丢了也可以在第一时间定位到珠宝的信息。这样不仅让顾客有充分的安全感，也能刺激更多有能力购买奢侈品的人下决心购买这些奢侈品。

这类电子标签不仅仅可以用在珠宝中，相信在不远的将来，这样一款升级版的电子标签将会应运而生并且被广泛地运用到生活当中。

石油石化、国家电网、物流、服装等领域都可以使用RFID标签。只要是有价值的物品都可以用RFID标签进行监管，哪怕是私人物品的运输。

6.2.3　工业互联网

1. 定义

工业互联网是开放、全球化的网络，用于将人、数据和机器连接起来，属于互联网的目录分类。它是全球工业系统与高级计算、分析、传感技术及互联网的高度融合。

工业互联网

工业互联网的概念最早由美国通用电气公司于2012年提出，随后美国5家行业龙头企业联手组建了工业互联网联盟，将这一概念大力推广开来。除了通用电气公司这样的制造业巨头，加入该联盟的还有IBM、思科、英特尔和AT&T等IT企业。

工业互联网的本质和核心是通过工业互联网平台把设备、生产线、工厂、供应商、产品和客户紧密地连接起来，帮助制造业拉长产业链，形成跨设备、跨系统、跨厂区、跨地区的互联互通，从而提高效率，推动整个制造服务体系智能化。工业互联网还有利于推动制造业融通发展，实现制造业和服务业之间的跨越发展，使工业经济各种要素资源能够高效共享。

国家顶级节点是整个工业互联网标识解析体系的核心环节，是支撑工业万物互联互通的神经枢纽。按照工业和信息化部统一规划和部署，我国工业互联网标识解析国家顶级节点落户在北京、上海、广州、武汉、重庆这5个城市。

2. 内容

2013年6月，通用电气公司提出了工业互联网革命，其CEO杰夫·伊梅尔特在演讲中称，一个开放、全球化的网络，将人、数据和机器连接起来。工业互联网的目标是升级那些关键的工业领域。如今，在全世界有数百万种机器设备，从简单的电动摩托车到高尖端的MRI（核磁共振成像）机器；有数万种复杂机械的集群，从发电的电厂到运输的飞机。

工业互联网将整合两大革命性转变之优势：其一是工业革命，伴随着工业革命，出现了无数台机器、设备、机组和工作站；其二则是更为强大的网络革命，在其影响之下，计算、信息与通信系统应运而生并不断发展。事实上，工业互联网的概念在国内一直都有，而非仅仅是舶来品。

伴随着这样的发展，以下3种要素逐渐融合，成为工业互联网之精髓。

①智能机器：以崭新的方法将现实世界中的机器、设备、团队和网络通过先进的传感器、控制器和软件应用程序连接起来。

②高级分析：使用基于物理的分析法、预测算法、自动化和材料科学、电气工程及其他关键学科的深厚专业知识来理解机器与大型系统的运作方式。

③工作人员：建立员工之间的实时连接，连接各种工作场所的人员，以支持更为智能的设计、操作、维护以及高质量的服务与安全保障。

这些要素融合起来，将为企业与经济体提供新的机遇。例如，传统的统计方法采用历史数据收集技术，这种方式通常将数据、分析和决策分隔开来。伴随着先进的系统监控和信息技术成本的下降，工作能力大大提高，实时数据处理的规模得以大大提升，高频率的实时数据可为系统操作提供全新视野。机器分析则可为分析流程开辟新维度，各种物理方式之结合、行业特定领域的专业知识、信息流的自动化与预测能力相互结合可与现有的整套"大数据"工具联手合作。最终，工业互联网将涵盖传统方式与新的混合方式，通过先进的特定行业分析，充分利用历史与实时数据。

工业互联网是全球工业系统与高级计算、分析、感应技术以及互联网连接融合的结果。它通过智能机器间的连接并最终将人机连接，结合软件和大数据分析，重构全球工业，激发生产力，让世界更美好、更快速、更安全、更清洁且更经济。

3. 实质

首先是全面互联，在全面互联的基础上，通过数据流动和分析，形成智能化变革，形成新的模式和新的业态。互联是基础，工业互联网是工业系统的各种元素互联起来，无论是机器、人，还是系统。

互联解决了通信的基本，更重要的是数据端到端的流动、跨系统的流动，并通过数据流动技术充分分析、建模。有学者认为智能化生产、网络化协同、个性化定制、服务化延伸是在互联的基础上，通过数据流动和分析，形成新的模式和新的业态。这是工业互联网的机理，比现在的互联网更强调数据，更强调充分的连接，更强调数据的流动和集成以及分析和建模，这和互联网是有所不同的。工业互联网的本质是要有数据的流动和分析。

6.2.4　智能传感器

智能传感器（Intelligent Sensor）是具有信息处理功能的传感器。智能传感器带有微处理器，具有采集、处理、交换信息的能力，是传感器集成化与微处理器相结合的产物。与一般传感器相比，智能传感器具有以下3个优点：通过软件技术可实现高精度的信息采集，而且成本低；具有一定的编程自动化能力；功能多样化。

智能传感器

一个良好的智能传感器是由微处理器驱动的传感器与仪表套装，并且具有通信与板载诊断等功能。

智能传感器能将检测到的各种物理量存储起来，并按照指令处理这些数据，从而创造出新数据。智能传感器之间能进行信息交流，并能自我决定应该传送的数据，舍弃异常数据，完成分析和统计计算等。

1．定义

智能传感器系统是一门现代综合技术，是当今世界正在迅速发展的高科技新技术，但还没有形成规范化的定义。早期，人们简单、机械地强调在工艺上将传感器与微处理器两者紧密结合，认为"传感器的敏感元件及其信号调理电路与微处理器集成在一块芯片上就是智能传感器"。

关于智能传感器的中、英文名称，尚未有统一的说法。国外有学者认为"Intelligent Sensor"是英国人对智能传感器的叫法，而"Smart Sensor"是美国人对智能传感器的俗称。而有学者在"Integrated Smart Sensor"一文中按集成化程度的不同，分别将之称为"Smart Sensor""Integrated Smart Sensor"。对"Smart Sensor"，中文有译为"灵巧传感器"的，也有译为"智能传感器"的。

《智能传感器系统》中的定义："传感器与微处理器赋予智能的结合，兼有信息检测与信息处理功能的传感器就是智能传感器"；模糊传感器也是一种智能传感器，将传感器与微处理器集成在一块芯片上是构成智能传感器的一种方式。

《现代新型传感器原理与应用》中的定义：智能式传感器是一种带微处理器的，兼有信息检测、信息处理、信息记忆、逻辑思维与判断功能的传感器。

2．功能

（1）主要功能。

概括而言，智能传感器的主要功能如下。

①具有自校零、自标定、自校正功能。

②具有自动补偿功能。

③能够自动采集数据，并对数据进行预处理。

④能够自动进行检验、自选量程、自寻故障。

⑤具有数据存储、记忆与信息处理功能。

⑥具有双向通信、标准化数字输出或者符号输出功能。

⑦具有判断、决策处理功能。

（2）可实现的功能。

智能传感器的功能是通过模拟人的感官和大脑的协调动作，结合长期以来测试技术的研究和实际经验而提出来的。它是一个相对独立的智能单元。它的出现对原来硬件性能的苛刻要求有所降低，可以通过软件使传感器的性能大幅度提高。

①信息存储和传输。随着全智能集散控制系统的飞速发展，对智能单元要求具备通信功能，利用通信网络以数字形式进行双向通信，这也是智能传感器关键标志之一。智能传感器通过传输测试数据或接收指令来实现各项功能，如增益的设置、补偿参数的设置、内检参数设置、测试数据输出等。

②自补偿和计算功能。多年来，从事传感器研制的工程技术人员一直为传感器的温度漂移和输出非线性做大量的补偿工作，但都没有从根本上解决问题。而智能传感器的自补偿和计算功能为传感器的温度漂移和非线性补偿开辟了新的道路。这样，可以放宽传感器加工精密度要求，只要能保证传感器的重复性好，利用微处理器对测试信号通过软件进行计算，采用多次拟合和差值计算方法对漂移和非线性进行补偿，从而能获得较精确的测量结果。

③自检、自校、自诊断功能。普通传感器需要定期检验和标定以保证它在正常使用时有足够的准确度，这些工作一般要求将传感器从使用现场拆卸送到实验室或检验部门进行。对于在线测量传感器出现异常则不能及时诊断。采用智能传感器情况则大有改观，首先自诊断功能在电源接通时进行自检，通过诊断测试以确定组件有无故障；其次根据使用时间可以在线进行校正，微处理器利用存储在EPROM内的计量特性数据进行对比校对。

④复合敏感功能。我们观察周围的自然现象可以发现，常见的信号有声、光、电、热、力、化学等。敏感元件测量一般通过两种方式：直接测量和间接测量。而智能传感器具有复合功能，能够同时测量多种物理量和化学量，给出能够较全面反映物质运动规律的信息。如美国加利福尼亚大学研制的复合液体传感器可同时测量介质的温度、流速、压力和密度等，复合力学传感器可同时测量物体某一点的三维振动加速度、速度、位移等。

⑤智能传感器的集成化。由于大规模集成电路的发展使得传感器与相应的电路都集成到同一芯片上，因此这种具有某些智能功能的传感器称为集成智能传感器。集成智能传感器的功能有3个方面的优点。

较高信噪比：传感器的弱信号先经集成电路信号放大后再远距离传送，就可大大改进信噪比。

改善性能：由于传感器与电路集成于同一芯片上，对于传感器的零漂、温漂和零位可以通过自校单元定期自动校准，也可以采用适当的反馈方式改善传感器的频响。

信号规一化：传感器的模拟信号通过程控放大器进行规一化，又通过模数转换成数字信号，微处理器按数字传输的几种形式进行数字规一化，如串行、并行、频率、相位和脉冲等。

3. 特点

智能传感器是一个以微处理器为内核，扩展了外围部件的计算机检测系统。相比一般传感器，智能传感器有如下显著特点。

（1）提高了传感器的精度。智能传感器具有信息处理功能，通过软件不仅可修正各种确定性系统误差（如传感器输入输出的非线性误差、幅值误差、零点误差、正反行程误差等），而且可适当地补偿随机误差、降低噪声，大大提高了传感器精度。

（2）提高了传感器的可靠性。集成传感器系统小型化，消除了传统结构的某些不可靠因素，改善了整个系统的抗干扰性能；同时它还有诊断、校准和数据存储功能（对于智能结构系统还有自适应功能，具有良好的稳定性）。

（3）提高了传感器的性能价格比。在相同精度的需求下，多功能智能传感器与单一功能的普通传感器相比，性能价格比明显提高，尤其是在采用较便宜的单片机后更为明显。

（4）促成了传感器的多功能化。智能传感器可以实现多传感器多参数综合测量，通过编程扩大测量与使用范围；有一定的自适应能力，可根据检测对象或条件的改变，相应地改变反输出数据的形式；具有数字通信接口功能，可直接送入远地计算机进行处理；具有多种数据输出形式，可适配各种应用系统。

4. 应用方向

智能传感器已广泛应用于航天、航空、国防、科技和工农业生产等各个领域中。例如，它在机器人领域中有着广阔应用前景，智能传感器使机器人具有类人的五官和大脑功能，可感知各种现象，完成各种动作。

在工业生产中，利用传统的传感器无法对某些产品质量指标（如黏度、硬度、表面光洁度、成分、颜色及味道等）进行快速直接测量和在线控制；而利用智能传感器可直接测量与产品质量指标有函数关系的生产过程中的某些量（如温度、压力、流量等），利用神经网络或专家系统技术建立的数学模型进行计算，可推断出产品的质量。

在医学领域中，糖尿病患者需要随时掌握自己的血糖水平，以便调整饮食或注射胰岛素，防止出现其他并发症。通常在测血糖时必须刺破手指采血，再将血样放到葡萄糖试纸上，最后把试纸放到电子血糖计上进行测量。这是一种既麻烦又令人痛苦的方法。而"葡萄糖手表"，其外观像普通手表一样，戴上它就能实现无痛、无血、连续的血糖测试。"葡萄糖手表"上有一块涂着试剂的垫子，当垫子与皮肤接触时，葡萄糖分子就被吸附到垫子上，并与试剂发生电化学反应，从而产生电流。传感器测量该电流，经处理器计算出与该电流对应的血糖浓度，并以数字显示。

6.3 智能信息技术

6.3.1 工业大数据

1. 大数据技术的发展

当前，学术界对于大数据还没有一个完整统一的定义。全球知名咨询公司麦肯锡在《大数据：创新、竞争和生产力的下一个新领域》报告中认为：大数据是一种数据集，它的数据量超越了传统数据库技术的采集、存储、管理和分析能力。其他咨询公司则认为：大数据指的是一种新的数据资产，是数量大、速度快、种类繁多的信息价值，这种数据资产需要由新的处理模式来应对，以便优化处理和正确判断。信息专家涂子沛在其著作《大数据》中认为：大数据之大绝不只是指容量之大，更在于通过对大量数据的分析而发现新知识，从而创造新的价值，获得大发展。尽管目前学界和产业界对大数据尚缺乏统一的定义，但对大数据的基本特征还是达成了一定共识，即大数据具有5个基本特征：数据规模大、种类多、速度快、真实性和数据价值密度稀疏。大数据技术的兴起虽然是近些年的事情，但追本溯源，在1989年首次提出商业智能，它是一种能够把数据转化为信息与知识进而帮助企业进行决策从而提升企业竞争力的工具，其核心就在于对大量数据的处理。随着20世纪互联网的飞速发展，数据量越来越大，数据复杂性越来越高，对此，传统的数据技术已经不能满足当前处理海量数据的需要，因而对海量数据的收集和处理的技术变得尤为重要，"大数据"这一概念由此而诞生。1997年，国外有学者在第八届美国电气与电子工程师协会学术年会上发表了名为《为外存模型可视化而应用控制程序请求页面调度》的文章，文中提出了大数据问题，这是在美国计算机学会的数字图书馆中第一篇使用"大数据"这一术语的文章。2008年，随着互联网产业的迅速发展，雅虎、谷歌等大型互联网或数据处理公司发现传统的数据处理技术不能解决问题时，大数据的思考理念和技术标准首先应用到了实际。2010年2月，肯尼斯·库克尔在《经济学人》上发表了长达14页的大数据专题报告《数据，无所不在的数据》，认为从经济界到科学界，从政府到平民，"大数据"概念广为人知。微博、微信等社交网络的兴起将人类带入了自媒体时代；苹果、三星等智能手机的普及，移动互联网时代的到来，这一时期，大数据技术逐渐得到空前重视。2014年4月，世界经济论坛以"大数据的回报与风险"为主题发布了《全球信息技术报告（第13版）》，认为在未来几年中针对各种信息通信技术的政策会显得更加重要，各国政府逐渐认识到大数据在推动经济发展、改善公共服务、增进人民福祉，乃至保障国家安全方面的重大意义。国内外大数据技术的发展日新月异，对大数据技术的研究也日益重要。虽然当前学界对大数据技术的定义尚未统一，不同机构、公司、企业都对大数据技术有着自身的认识和看法，但对大数据技术的基本内涵还是可以通过研究和分析形成一个基本的共识和标准，而对大数据技术的内涵、内容、特点等基本问题做出研究和界定，又有利于大数据技术与其研究的进一步发展。

2. 大数据技术架构

各种各样的大数据应用迫切需要新的工具和技术来存储、管理以及实现商业价值。新的工具、流程和方法支撑起了新的技术架构，使企业能够建立、操作和管理这些超大规模的数据集和数据存储环境。

企业逐渐认识到必须在数据驻留的位置进行分析，提升计算能力，以便为分析工具提供实时响应。考虑到数据速度和数据量，来回移动数据进行处理是不现实的。相反，计算和分析工具可以移到数据附近。因此，云计算模式对大数据的成功至关重要。

云模型在从大数据中提取商业价值的同时也在"驯服"它。这种交付模型能为企业提供一种灵活的选择，以实现大数据分析所需的效率、可扩展性、数据便携性和经济性，但仅仅存储和提供数据还不够，必须以新方式合成、分析和关联数据，才能体现其商业价值。部分大数据分析方法要求处理未经建模的数据，因此可以用毫不相干的数据源比较不同类型的数据并进行模式匹配，从而使大数据的分析能以新视角挖掘企业传统数据，并带来传统上未曾出现过的数据洞察力。基于上述考虑，一般可以构建适合大数据的4层堆栈式技术架构。

（1）基础层。

第一层作为整个大数据技术架构基础的最底层，也是基础层。要实现大数据规模的应用，企业需要一个高度自动化的、可横向扩展的存储和计算平台。这个基础设施需要从以前的存储孤岛发展为具有共享能力的大容量存储池。容量、性能和吞吐量必须可以线性扩展。

云模型鼓励访问数据并通过提供弹性资源池来应对大规模问题，解决了如何存储大量数据及如何积聚所需的计算资源来操作数据的问题。在云中，数据跨多个节点调配和分布，使数据更接近需要它的用户，从而缩短响应时间，提高效率。

（2）管理层。

大数据要支持在多源数据上做深层次的分析，在技术架构中就需要一个管理平台，即管理层，将结构化和非结构化数据管理融为一体，具备实时传送、查询和计算功能。本层既包括数据的存储和管理，也涉及数据的计算。并行化和分布式是大数据管理平台所必须考虑的要素。

（3）分析层。

大数据应用需要大数据分析。分析层提供基于统计学的数据挖掘和机器学习算法，用于分析和解释数据集，帮助企业获得深入的数据价值。可扩展性强、使用灵活的大数据分析平台更可能成为数据科学家的利器，起到事半功倍的效果。

（4）应用层。

大数据的价值体现在帮助企业进行决策和为终端用户提供服务的应用上。不同的新型商业需求驱动了大数据的应用。反之，大数据应用为企业提供的竞争优势使企业更加重视大数据的价值。新型大数据应用不断对大数据技术提出新的要求，大数据技术也因此在不断地发展变化中日趋成熟。

3. 常用的大数据分析方法

大数据分析是指对规模巨大的数据进行分析。通过多个学科技术的融合实现数据的采集、管理和分析，从而发现新的知识和规律。大数据时代的数据分析首先要解决的是海量、结构多变、动态实时的数据存储与计算问题，这些问题在大数据解决方案中至关重要，决定了大数据分析的最终结果。

通过美国福特公司利用大数据分析促进汽车销售的案例，可以初步认识大数据分析。分析过程如图6-2所示。

图6-2 福特促进汽车销售的大数据分析过程

大数据分析有以下5种基本方法。

（1）预测性分析。

大数据分析最普遍的应用之一就是预测性分析。从大数据中挖掘出有价值的知识和规律，通过科学建模的手段呈现结果，然后可以将新的数据带入模型从而预测未来的情况。例如，美国麻省理工学院的研究者创建了一个计算机预测模型来分析心脏病患者的心电图数据。他们利用数据挖掘和机器学习在海量的数据中进行筛选，发现心电图中出现3类异常者一年内死于第二次心脏病发作的可能性比未发现异常者高1～2倍。这种新方法能够预测更多的、无法通过现有风险筛查出的高危病人。

（2）可视化分析。

不管是数据分析专家还是普通用户，对于大数据分析最基本的要求之一就是可视化分析。因为可视化分析能够直观地呈现大数据特点，同时能够非常容易地被用户所接受。可视化可以直观地展示数据，让数据自己"说话"，让观众"听到"结果。数据可视化是数据分析最基本的要求之一。

（3）大数据挖掘算法。

可视化分析结果是给用户看的，而数据挖掘算法是给计算机看的。通过让机器学习算法，按人的指令工作，从而呈现给用户隐藏在数据之中的有价值的结果。大数据分析的理论核心就是数据挖掘算法，算法不仅要考虑数据的量，也要考虑处理的速度。目前许多领域的研究都是在分布式计算框架上对现有的数据挖掘理论加以改进，进行并行化、分布式处理。

常用的数据挖掘方法有分类、预测、关联规则、聚类、决策树、描述和可视化、复杂数据类型挖掘（如文本、图形图像、视频、音频）等，有很多学者对大数据挖掘算法进行了研究和文献发表。

（4）语义引擎。

数据的含义就是语义。语义技术是从词语所表达的语义层次上来认识和处理用户的检索请求。

语义引擎通过对网络中的资源对象进行语义上的标注以及对用户的查询表达进行语义处理，使得自然语言具备语义上的逻辑关系，能够在网络环境下进行广泛有效的语义推理，从而更加准确、全面地实现用户的检索。大数据分析广泛应用于网络数据挖掘，可从用户的搜索关键词来分析和判断用户的需求，从而实现更好的用户体验。

例如，一个语义搜索引擎试图通过上下文来解读搜索结果，它可以自动识别文本的概念结构。比如有人搜索"选举"，语义搜索引擎可能会获取包含"投票""竞选""选票"的文本信息，但是"选举"这个词可能根本没有出现在这些信息来源中，也就是说，语义搜索可以对关键词的相关词和类似词进行解读，从而提高搜索信息的准确性和相关性。

（5）数据质量和数据管理。

数据质量和数据管理是指为了满足信息利用的需要，而对信息系统的各个信息采集点进行规范，包括建立模式化的操作规程、原始信息的校验、错误信息的反馈、矫正等一系列的过程。大数据分析离不开数据质量和数据管理，高质量的数据和有效的数据管理，无论是在学术研究还是在商业应用领域，都能够保证分析结果的真实和有价值。

4. 制造大数据的特点

通常所说的大数据3V特性包括大规模、多样性和高速度。制造大数据除同样具备明显的大数据3V特性之外，还具备制造领域所特有的特征。

（1）制造大数据具备明显的大数据3V特性。

①数据规模大。以半导体制造为例，在进行单片晶圆质量检测时，每个站点能生成几兆字节数据，一台快速自动检测设备每年就可以收集将近2TB的数据。据麦肯锡咨询公司统计，2009年美国员工数量超过1 000人的制造企业平均产生了至少200TB的数据，而这个数量每隔1.2年将递增一倍。通用电气公司的报告显示，未来10年工业数据增速将是其他大数据领域的两倍。

②数据结构多样。制造过程中涉及的产品BOM结构表、工艺文档、数控程序、三维模型、设备运行参数等制造数据往往来自不同的系统，具有完全不同的数据结构。随着图像处理设备和声学传感器等检测装置已逐步适应恶劣的生产环境，记录的大量生产过程中重要的图像、声音等资料更是具备典型的非结构化数据特征。

（2）制造大数据具备制造领域特有的一些特征。

①时序特性。制造企业产生的大量数据来自PLC、传感器和其他智能感知设备对制造过程的不断采样，这些数据通常都是时间序列，具有典型的时序特性。

②高维特性。以零件加工为例，由于智能感知设备的广泛应用，加工过程中涉及的刀具进给量、切削速率、加工区域温度、加工时间、装备健康状态等数据都能被实时采集，可从多个维度来更精确地加以描述。

③多尺度特性。制造过程往往需要不同尺度数据的相互配合描述，例如晶圆刻蚀过程中反应腔温度会影响最终的腔槽刻蚀深度，现有的温度传感器通常几秒采集一次，

而刻蚀深度只有在一批晶圆加工完成后才能通过检测获取到，这个时间尺度通常为几个小时。

④高噪特性。工业生产中的电磁干扰和恶劣生产环境使测量结果不可避免地带有噪声，低信噪比的测量信号会严重影响数据分析的准确性，在某些环境中甚至会使得数据完全失效。

5. 智能制造系统中的大数据技术应用

未来的工业若要在全球市场中发挥竞争优势，工业大数据分析是关键领域。随着物联网和信息时代的来临，更多的数据被收集、分析，用于帮助管理者做出更明智的决策。智能制造时代的到来，使得云计算、大数据不断地融入人们的生活中。未来10年，我国制造业将以两化融合为主，朝着智能制造方向跨步前行。但无论是智能制造抑或是两化融合，工业大数据都是不可忽视的重点。

制造企业在实际生产过程中，总是努力降低生产过程的消耗，同时努力提高制造业环保水平，保证安全生产。生产的过程实质上也是不断自我调整、自我更新的过程，同时还是实现全面服务个性化需求的过程。在这个过程中，会实时产生大量数据。依托大数据系统，采集现有工厂设计、工艺、制造、管理、监测、物流等环节的信息，实现生产的快速、高效及精准分析决策。这些数据综合起来能够帮助发现问题、查找原因、预测类似问题重复发生的概率，帮助完成安全生产，提升服务水平，改进生产水平，提高产品附加值。

智能制造需要高性能的计算机和网络基础设施，传统的设备控制和信息处理方式已经不能满足需要。应用大数据分析系统可以对生产过程自动进行数据采集并分析处理。鉴于制造业已经进入大数据时代，智能制造还需要高性能计算机系统和相应网络设施。云计算系统提供计算资源专家库，通过现场数据采集系统和监控系统，将数据上传云端进行处理、存储和计算，计算后能够发出云指令，对现场设备进行控制，例如控制工业机器人。

智能制造是未来制造业的发展方向，近年来得到不断地研究和发展，受到世界各国的高度重视。智能制造为制造业提供了很多全新的概念、观点和理论，是对传统生产制造业的根本性变革。实现传统制造到智能制造的转变，核心在于几个关键技术的掌握：智能化工业装备应用技术、柔性制造和虚拟仿真技术、物联网应用技术、大数据系统及云计算技术。

6.3.2 云计算和云服务技术

1. 云计算和云服务技术的发展

云计算是由分布式计算、并行处理、网格计算发展来的，是一种新兴的商业计算模型。目前，对于云计算的认识正在不断地发展变化，云计算仍没有普遍一致的定义。

我国网格计算、云计算专家刘鹏给出如下定义："云计算将计算任务分布在大量计算机构成的资源池上，使各种应用系统能够根据需要获取计算力、存储空间和各种软件服务。"

狭义的云计算指的是厂商通过分布式计算和虚拟化技术搭建数据中心或超级计算机，以免费或按需租用方式向技术开发者或者企业客户提供数据存储、分析以及科学计算等服务，比如亚马逊数据仓库出租生意。

广义的云计算是指厂商通过建立网络服务器集群，向各种不同类型的客户提供在线软件服务、硬件租借、数据存储、计算分析等不同类型的服务。广义的云计算包括更多的厂商和服务类型，例如国内用友、金蝶等管理软件厂商推出的在线财务软件，谷歌发布的Google应用程序套装等。

通俗的理解是，云计算的"云"就是存在于互联网上的服务器集群上的资源。它包括硬件资源和软件资源，本地计算机只需要通过互联网发送一个需求信息，远端就会有成千上万的计算机为你提供需要的资源并将结果返回到本地计算机，这样，本地计算机几乎不需要做什么，所有的处理由云计算提供商所提供的计算机群来完成。

2. 云服务平台技术

云计算技术有力促进了云服务及云计算产品的发展，并使传统IT产业格局在技术、商业模式及服务等方面发生明显改变。云服务主要是指基于云计算的服务模式，由服务提供商将信息技术服务提供给用户，也就是利用网络得到资源及服务。云服务基于传统IT服务，并对其创新，关键在于持续改进、融合商务模式及创新服务运营。

云服务主要分为基础设施即服务、平台即服务及软件即服务3个层次，其部署形式有公有云、私有云及混合云服务3种。基础设施即服务层关键技术包含计算虚拟化技术、网络虚拟化技术、云存储技术。平台即服务层关键技术包含分布式技术、隔离与安全技术、数据处理技术。软件及服务层关键技术包含自动部署技术、元数据技术和多租户技术。基于互联网的公有云服务对社会开放，而私有云服务提供的服务主要基于企业内网的互联网入口，不开放给外部用户。私有云将IT资源整合使企业IT成本降低，资源利用率有效提高，以实现企业运行效率的提升。混合云服务整合公有云与私有云，并为内、外部用户同时提供服务，通常采用VPN等技术打通公有云与私有云环境，利用安全技术措施为云环境提供安全保障。混合云充分利用了公有云与私有云的优势，尤其是对外及对内业务都存在的应用场合更为适合。

云服务的服务模型主要形式还是多租户服务模式，服务范围涉及上述3个层次。不仅呈现出负载多样性，也对计算、网络、存储及管理系统产生资源隔离、动态分配等不同需求。云服务平台组件也较多，其构建主要采用宽带网络、存储、效用计算、并行计算等先进的IT技术，并结合实际应用整合技术，从而建立可交付的服务平台。

3. 分布式存储与计算技术

与集中式存储技术不同，分布式存储技术并不是将数据存储在某个或多个特定的节点上，而是通过网络使用企业中的每台机器上的磁盘空间，并将这些分散的存储资源构成一个虚拟的存储设备，数据分散地存储在企业的各个角落。分布式存储系统具有如下几个特性。

（1）可扩展。分布式存储系统可以扩展到几百台甚至几千台的集群规模，而且随着集群规模的增长，系统整体性能表现为线性增长。

（2）低成本。分布式存储系统的自动容错、自动负载均衡机制使其可以构建在普通PC上。另外，线性扩展能力也使得增加、减少机器非常方便，可以实现自动运维。

（3）高性能。无论是针对整个集群还是单台服务器，都要求分布式存储系统具备高性能。

（4）易用性。分布式存储系统需要能够提供易用的对外接口，另外，也要求具备完善的监控、运维工具，并能够方便地与其他系统集成，例如，从Hadoop云计算系统导入数据。

分布式存储系统的挑战主要在于数据、状态信息的持久化，要求在自动迁移、自动容错、并发读写的过程中保证数据的一致性。分布式存储系统的关键问题如下。

①数据分布。如何将数据分布到多台服务器才能保证数据分布均匀？数据分布到多台服务器后如何实现跨服务器读写操作？

②一致性。如何将数据的多个副本复制到多台服务器，即使在异常情况下，也能保证不同副本之间的数据一致性？

③容错。如何检测到服务器故障？如何自动地将出现故障的服务器上的数据和服务迁移到集群中其他服务器？

④负载均衡。新增服务器和集群正常运行过程中如何实现自动负载均衡？数据迁移的过程中如何保证不影响已有服务？

⑤事务与并发控制。如何实现分布式事务？如何实现多版本并发控制？

⑥易用性。如何设计对外接口使得系统容易使用？如何设计监控系统并将系统的内部状态以方便的形式展示给运维人员？

⑦压缩/解压缩。如何根据数据的特点设计合理的压缩/解压缩算法？如何平衡压缩算法节省的存储空间和消耗的CPU计算资源？

按照结构化程度来划分，数据大致分为结构化数据、非结构化数据和半结构化数据。下面分别介绍这3种数据如何进行分布式存储。

（1）结构化数据。

所谓结构化数据是一种用户定义的数据类型，它包含一系列的属性，每个属性都有一个数据类型，存储在关系数据库里，可以用二维表结构来表达实现的数据。大多数系统都有大量的结构化数据，一般存储在Oracle或SQL Server等关系数据库中。当系统规模大到单一节点的数据库无法支撑时，一般有两种解决方法：垂直扩展与水平扩展。

①垂直扩展。垂直扩展比较好理解，简单来说，就是按照功能切分数据库，将不同功能的数据存储在不同的数据库中，这样一个大数据库就被切分成多个小数据库，从而达到了数据库的扩展。一个架构设计良好的应用系统，其总体功能一般是由很多个松耦合的功能模块所组成的，而每个功能模块所需要的数据对应到数据库中就是一张或多张表。各个功能模块之间交互越少越统一，系统的耦合度越低，这样的系统就越容易实现垂直切分。

②水平扩展。简单来说，可以将数据的水平切分理解为按照数据行来切分。也就是将表中的某些行切分到一个数据库中，而另外的某些行又切分到其他的数据库中。为了能够比较容易地判断各行数据切分到了哪个数据库中，切分总是需要按照某种特定的规则来进行，如按照某个数字字段的范围、某个时间类型字段的范围或者某个字段的哈希值等。

垂直扩展与水平扩展各有优缺点。一般一个大型系统会将水平与垂直扩展结合使用。

（2）非结构化数据。

相对于结构化数据而言，不方便用数据库二维逻辑表来表现的数据即称为非结构化数据，包括所有格式的办公文档、文本、图片、XML、HTML、各类报表、图像和音频/视频等。分布式文件系统是实现非结构化数据存储的主要技术，谷歌文件系统（Google File System，GFS）是最常见的分布式文件系统之一。GFS将整个系统分为3类角色，分别为Client（客户端）、Master Server（主服务器）和Chunk Server（数据块服务器）。

（3）半结构化数据。

半结构化数据是结构化数据（如关系数据库、面向对象数据库中的数据）和非结构化的数据（如声音、图像文件等）之间的数据。半结构化数据模型具有一定的结构性，较之传统的关系和面向对象的模型更为灵活。半结构化数据模型完全不基于传统数据库模式的严格概念，这些模型中的数据都是自描述的。由于半结构化数据没有严格的Schema定义，因此不适合用传统的关系数据库进行存储。适合存储这类数据的数据库被称作NoSQL数据库。

4. 智能制造系统中的云技术应用

在智能制造领域，云计算有广泛的应用场景。

在智能研发领域，可以构建仿真云平台，支持高性能计算，实现计算资源的有效利用和可伸缩，还可以通过基于软件即服务平台的三维零件库，提高产品研发效率。

在智能营销方面，可以构建基于云的CRM应用服务，对营销业务和营销人员进行有效管理，实现移动应用。

在智能物流和供应链方面，可以构建运输云，实现制造企业、第三方物流和客户三方的信息共享，提高车辆往返的载货率，实现对冷链物流的全程监控；还可以构建供应链协同平台，使主机厂和供应商、经销商通过电子数据交换实现供应链协同。

在智能服务方面，企业可以利用物联网云平台，通过对设备的准确定位来开展电商服务。例如，湖南星邦重工有限公司就利用树根互联的根云平台，实现了高空作业车的在线租赁服务。

工业物联网是智能制造的基础。一方面，在智能工厂建设领域，通过物联网可以采集设备、生产、能耗、质量等方面的实时信息，实现对工厂的实时监控；另一方面，设备制造商可以通过物联网采集设备状态，对设备进行远程监控和故障诊断，避免设备非计划性停机，进而实现预测性维护，提供增值服务，并促进备品备件销售。工业物联网应用采集的海量数据的存储与分析需要工业云平台的支撑，不论是通过机器学习还是认知计算，都需要工业云平台这个载体。2021年3月，美国通用电气公司与中国电信签订战略合作协议，其核心就是实现将通用电气的工业互联网平台通过中国电信的通信网络和云平台在我国落地运营，为企业提供多种云服务，例如设备运行数据的可视化、分析、预测与优化等。

6.3.3 虚拟制造技术

1. 虚拟制造技术的概念

虚拟制造是20世纪80年代提出的概念，但是"虚拟制造"一词在20世纪90年代才第一次突显出来，其部分原因来自美国国防部发起的虚拟制造项目。目前人们对于虚拟制造的定义大同小异，总的来说，一般认为虚拟制造是指在计算机虚拟环境下，模拟产品和制造设备的现实运行环境，在实时和经验数据的支撑下，进行产品完整生命周期的一体化

虚拟制造技术

模拟仿真过程。虚拟制造广泛应用于产品设计、场地规划、生产决策、工艺流程、试验测试、装配指导、远程监控、调度指挥、技能培训、市场销售、售后服务等制造业各个环节，在不消耗或少消耗实际生产资源的情况下实现最优结果，达到缩短周期，降低成本，提高效益的目的。

虚拟制造可以分为3个层次。

第一层是宏观层，指能够覆盖从产品需求、产品虚拟设计、产品虚拟生产到产品虚拟消费、报废循环的整个过程，包含产品生产企业的所有活动以及用户的消费过程。这就需要表达整个制造系统中的物流、信息流、能量流，以及系统各单元间的关系、约束机制等，是高层次的大系统仿真。

第二层是中观层，指对加工环境的仿真，包含生产系统的虚拟布局、虚拟调度等生产系统的仿真，也包含零件的加工过程的仿真，如刀具轨迹、加工过程仿真等。

第三层是微观层，指的是加工过程中制造系统被加工件的各种微观特性的变化，如磨削加工中工件表面状态的变化，铸造成型过程中材料的微观现象仿真等。

当前，在先进制造技术的研究过程中产生了很多新的概念。为了更详细地了解虚拟制造的内涵，需要了解虚拟制造与其他相关概念之间的关系。

虚拟制造和"建模仿真"。虚拟制造依靠建模与仿真模拟制造、生产和装配过程，使设计者可以在计算机中"制造"产品。建模与仿真是虚拟制造的基础。虚拟制造是建模与仿真的应用，但是它扩展了传统的建模与仿真技术。虚拟制造环境下的仿真是先进的全方位仿真，通过虚拟现实界面，将虚拟产品及其制造、消费过程呈现给人的感官，在人的主观上产生产品的存在感。人可以与虚拟环境发生交互作用，沉浸在计算机产生的三维仿真环境中，感觉到一切都是"真实"存在的，虚拟环境可以加深人们对复杂系统的理解。

虚拟制造与虚拟现实技术。虚拟现实是一种计算机生成的动态的虚拟环境，人通过适当的接口置身其中，可以参与和操纵虚拟环境中的仿真物理模型，并且可以和过去的、现在的或虚拟的人物进行交互。它通过各种虚拟设备（如立体显示系统、听觉系统、触觉与力反馈设备等）刺激人的各个感知器官，使人能够与系统交互，产生沉浸感，对系统进行构想。这3个I是虚拟现实的基本特征。虚拟制造可以看作产品设计、开发、制造过程采用虚拟现实技术的实现，通过对产品及其制造过程的仿真，使人从主观上产生虚拟产品及其制造过程的存在感。人可以沉浸在虚拟制造环境中，通过对"产品生命全程"的预演，加深人们对制造过程的准确理解和直观感受。虚拟制造是多学科、多领域知识的综合，产生的虚拟产品、虚拟制造系统，甚至虚拟企业，需要在计算机上以直观、生动、精确的方式呈现出来，因此虚拟现实技术是其重要的组成部分。

虚拟制造与虚拟企业。虚拟企业是指分布在不同地区的多个企业利用计算机网络及信息系统作为手段，为快速响应市场需求而组成的动态联盟。虚拟企业把不同地区的合作伙伴的现有资源（技术、信息、知识、设备等），利用网络通信技术迅速地组合成为一种跨行业、跨地区的统一指挥、协调工作的临时经营实体。构成虚拟企业的企业实体可以分布于不同地域，具有不同的生产规模和技术组合。在具体表现上，结盟的可以是同一个大公司的不同组织部门，也可以是不同国家的不同公司。虚拟企业与虚拟制造没有直接的相互依赖关系，虚拟企业主要强调网络，强调资源的集成和共享，而虚拟制造的重点是仿真产品生命周期中的各个活动。在虚拟企业中，伙伴能够共享生产、工艺和产品的信息，这些信息以数据的形式表示，能够分布到不同的计算环境中。虚拟制造技术可以为虚拟企业提供可合作性的分析支持，为合作伙伴提供协同工作环境和虚拟企业动态组合及运行支持环境。

虚拟制造与精益生产。精益生产要求简化生产过程，减少信息量，消除过分臃肿的生产组织，使产品及其生产过程尽可能地简化和标准化。这样做的结果对虚拟制造的建模仿真是十分有利的，即现实生产过程越简化，虚拟制造实现起来就越容易。精益生产的核心是准时化生产和成组技术。实行精益生产为虚拟制造的实现创造了有利条件。

虚拟制造与并行工程。并行工程是集成地、并行地设计产品及其相关过程（包括制造过程和支持过程）的系统方法。它要求产品开发人员在一开始就考虑到产品从概念设计到消亡的整个产品生命周期中的所有因素，包括质量、成本、进度计划和用户要求等。为了达到并行的目的，必须实现产品开发过程集成并建立产品主模型，通过它来实现不同部门人员的协同工作；为了产品的一次设计成功，减少反复，它在许多部分应用了仿真技术。主模型的建立、局部仿真的应用等都包含在虚拟制造技术中，可以说并行工程的发展为虚拟制造技术的应用提供了良好的条件。虚拟制造是以并行工程为基础的，并行工程的进一步发展就是虚拟制造。

虚拟制造与敏捷制造。敏捷制造以竞争力和信誉度为基础选择合作者组成虚拟公司，分工合作，为同一目标共同努力来增强整体竞争能力，对用户需求做出快速反应，以满足用户的需要。为了达到快速应变能力，敏捷制造为虚拟企业的建立提供全方位的支持，即敏捷制造是以虚拟制造技术为基础的。

虚拟制造与绿色制造。绿色制造是一个综合考虑环境影响和资源效率的现代制造模式，其目标是使得产品在从设计、制造、包装、运输、使用到报废的整个生命周期中，对环境的影响最小，资源的使用效率最高。绿色制造的提出是人们日益重视环境保护的必然选择，发展不能以环境污染为代价。国际制造业的实践表明，通过改进整个制造工艺来减少废弃物，要比处理工厂已经排放的废弃物大大节省开支，因此，当虚拟制造技术发展到一定阶段时，必定要集成绿色制造并为绿色制造提供技术支持。

从以上的分析中可以看到，各种先进制造技术是相互关联、彼此交叉的，它们都离不开计算机网络、工程数据库技术、计算机仿真技术的支持，从以技术为中心向以人为中心转变，使技术的发展更加符合人类社会的需要是它们的共同特点。

2. 虚拟制造的分类

由于对"虚拟"和"制造"的内涵理解有所不同，在1997年7月美国俄亥俄州举办的虚拟制造用户专题讨论会上，人们根据制造过程的侧重点不同，将虚拟制造分为3类，提出了"3个中心"的分类方法，即"以设计为中心的虚拟制造""以生产为中心的虚拟制造""以控制为中心的虚拟制造"。

（1）以设计为中心的虚拟制造。这类研究是将制造信息加入产品设计与工艺设计过程中，并用计算机进行数字化制造、仿真多种制造方案，检验其可制造性、可装配性，即面向装配的设计，预测产品性能和成本。目的是通过仿真制造来优化产品设计、工艺过程，及时发现、识别与设计有关的潜在问题和判断其优缺点。

（2）以生产为中心的虚拟制造。这类研究是将仿真能力加入生产计划模型中，其目的是方便快捷地评价多种生产计划，检验新工艺流程的可行性、产品的生产效率、资源的需求情况，进而优化制造环境的配置和生产的供给计划。

（3）以控制为中心的虚拟制造。这类研究是将仿真能力增加到控制模型中，提供对实际生产过程仿真的环境，目的是在考虑车间控制行为的基础上，评估新的或改进的产品设计及车间生产相关的活动，从而优化制造过程，改进制造系统。

3. 虚拟制造技术的优势和作用

如今，在经济全球化、信息化和贸易自由化的形势下，制造业的经营战略发生了很大变化，企业先是追求规模效益，后来则更加重视降低生产成本，继而以提高产品质量为主要目标。尤其是在金融危机之后，全球市场的特征由过去的相对稳定逐步变为动态多变，全球范围内的竞争和跨行业之间的相互渗透日益增强。现代制造企业早就提出了要解决TQCS（Time、Quality、Cost、Service）问题，而虚拟制造技术可以在解决该问题中发挥重要作用。

①缩短产品开发周期。传统制造遵循设计、试制、修改设计、规模化大生产的串行式结构，只有在试制出样品后才进行产品信息反馈，决定是否要修改设计。而在虚拟制造中，并不需要制造样品，可以随时在设计过程中检验模型的可制造性和装配性，及时修改，信息反馈更为及时。

②提高产品质量。虚拟制造过程通过对多种制造方案进行仿真，优化产品设计和工艺设计，可弥补传统制造业靠经验决定加工方案的不足，提高产品质量。

③低资源消耗。由于虚拟制造在计算机中进行，并不消耗实际生产所需的物理材料，因此可减少材料浪费和设备损耗。

④通过提高企业柔性生产能力，增强企业决策准确性。决策者可以在虚拟制造中了

解产品性能、制造成本、生产进度、订单、库存、物流等动态信息，有助于决策者把握利润与风险之间的平衡，从而准确地进行生产决策，把握订单交期，提升服务质量。

4. 虚拟制造技术在制造业中的作用

目前，虚拟制造技术应用效果比较明显的10个方面如下。

①产品的外形设计。例如，传统汽车外形造型设计多采用塑料制作外形模型，要通过多次评测和修改，费工费时。采用虚拟技术的外形设计，可随时修改、评测，方案确定后的建模数据可直接用于冲压模具设计、仿真和加工，甚至用于广告和宣传。虚拟制造技术在其他产品（如飞机、建筑和装修、家用电器、化妆品包装等）的外形设计中同样有极大的优势。

②产品的布局设计。在复杂产品的布局设计中，通过虚拟技术可以直观地进行设计，避免可能出现的干涉和其他不合理问题。例如，工厂和车间设计中的机器布置、管道铺设、物流系统等都需要该技术的支持。在复杂的管道系统设计中，采用虚拟技术，设计者可以"进入其中"进行管道布置，并检查可能的干涉等问题。

③产品的运动和动力学仿真。在产品设计阶段就能展示出产品的行为，动态表现产品的性能，产品设计必须解决运动构件工作时的运动协调关系、运动范围设计、可能的运动干涉检查、产品动力学性能、强度、刚度等问题。例如，生产线上各个环节的动作协调和配合是比较复杂的，采用仿真技术可以直观地进行配置和设计，保证工作的协调。

④热加工工艺模拟。针对金属材料热成形过程的技术难点（如高温、动态、瞬时、难以控制质量等），从材料成形理论分析入手，通过数值模拟和物理模拟方法，使得基础理论能直接定量地指导金属材料热成形过程，并对材料成形过程进行动态仿真，预测不同条件下成形后材料的组织、性能及质量，进而实现热成形件的质量与性能的优化设计，最大限度地发挥材料的性能潜力，为关键的重大装备一次制造成功提供技术支持。

⑤加工过程仿真。产品设计的合理性、可加工性、加工方法、机床和工艺参数的选用，以及加工过程中可能出现的加工缺陷等，这些问题需要经过仿真、分析与处理。

⑥产品装配仿真。机械产品的配合性和装配性是设计人员常易出现错误的地方，以往要到产品最后装配时才能发现，导致零件的报废和工期的延误，造成巨大的经济损失和信誉损失。采用虚拟装配技术可以在设计阶段就进行验证，确保设计的正确性，避免损失。

⑦虚拟样机与产品工作性能评测。首先是进行产品的立体建模，然后将这个模型置于虚拟环境中进行控制、仿真和分析，可以在设计阶段就对设计的方案、结构等进行仿真，解决大多数问题，提高一次试验成功率。采用虚拟现实技术，还可以方便、直观地

进行工作性能检查。

⑧产品的广告与漫游。用虚拟现实或三维动画技术制作的产品广告具有逼真的效果，不仅可显示产品的外形，还可显示产品的内部结构、装配和维修过程、使用方法、工作过程、工作性能等，尤其是利用网络进行的产品介绍，生动、直观，广告效果很好。网上漫游技术使人们能在城市、工厂、车间、机器内部乃至图样和零部件之间进行漫游，直观、方便地获取信息。

⑨企业生产过程仿真与优化。产品生产过程的合理制定以及工厂人力资源、制造资源的合理配置，对缩短生产周期和降低成本有重大影响。

⑩虚拟企业的可合作性仿真与优化。虚拟制造系统可以为虚拟企业提供可合作性的分析支持，为合作伙伴提供协同工作环境和虚拟企业动态组合及运行支持环境。虚拟制造系统可以将异地的、各具优势的研究开发力量，通过网络和视像系统联系起来，进行异地开发，网上讨论。从用户订货、产品创意、设计、零部件生产、总成装配、销售以至售后服务这一全过程中的各个环节都可以进行仿真，为虚拟企业动态组合提供支持。

6.3.4　人工智能技术

1. 人工智能技术的发展

物联网从事物相连开始，最终要达到智慧地感知世界的目的，而人工智能就是实现智慧物联网最终目标的技术。人工智能（Artificial Intelligence，AI）是计算机科学、控制论、信息论、神经生理学、心理学、语言学等多种学科高度发展、紧密结合、互相渗透而发展起来的一门交叉学科，其诞生的时间可追溯到20世纪50年代中期。人工智能研究的目标是如何使计算机能够学会运用知识，像人类一样完成富有智慧的工作。当前，人工智能技术的研究与应用主要集中在以下几个方面。

（1）自然语言理解。

自然语言理解的研究开始于20世纪60年代初，它研究用计算机模拟人的语言交互过程，使计算机能理解和运用人类社会的自然语言（如汉语、英语等），实现人机之间通过自然语言通信，帮助人类查询资料、解答问题、摘录文献、汇编资料以及进行一切有关自然语言信息的加工处理。自然语言理解的研究涉及计算机科学、语言学、心理学、逻辑学、声学、数学等学科。自然语言理解分为语音理解和书面语言理解两个方面，分述如下。

语音理解是指用语音输入，使计算机"听懂"人类的语言，用文字或语音合成方式输出应答。由于理解自然语言涉及对上下文背景知识的处理，同时需要根据这些知识进行一定的推理，因此实现功能较强的语音理解系统仍是一个比较艰巨的任务。目前，在人工智能研究中，在理解有限范围的自然语言对话和理解用自然语言表达的小段文章或故事方面的软件，已经取得了较大进展。

书面语言理解是指将文字输入计算机，使计算机"看懂"文字，并用文字输出应答。书面语言理解又称为光学字符识别（OCR）技术。OCR技术是指用扫描仪等电子设备获取介质上的字符，通过检测和字符比对的方法，翻译并显示在计算机屏幕上。书面语言理解的对象可以是印刷体或手写体。目前，OCR技术已经进入广泛应用的阶段，包括手机在内的很多电子设备都成功地使用了OCR技术。

（2）数据库的智能检索。

数据库系统是存储某个学科大量事实的计算机系统。随着应用的进一步发展，存储信息量越来越庞大，因此解决智能检索的问题便具有实际意义。将人工智能技术与数据库技术结合起来，建立演绎推理机制，变传统的深度优先搜索为启发式搜索，可有效地提高系统的效率，实现数据库智能检索。智能信息检索系统应具有以下功能：能理解自然语言，允许用自然语言提出各种询问；具有推理能力，能根据存储的事实，演绎出所需的答案；具有一定常识性知识，以补充学科范围的专业知识，系统根据这些常识能够演绎出更合理的答案。

（3）专家系统。

专家系统是人工智能中最重要的也是最活跃的一个应用领域，它实现了人工智能从理论研究走向实际应用，从一般推理策略探讨转向运用专门知识的重大突破。专家系统是一个智能计算机程序系统，该系统存储有大量的、按某种格式表示的特定领域专家知识构成的知识库，并且具有类似专家解决实际问题的推理机制，能够利用人类专家的知识和解决问题的方法，模拟人类专家来处理该领域问题。同时，专家系统具有自学习能力。

专家系统的开发和研究是人工智能研究中面向实际应用的课题，在多个领域受到了极大重视，已经开发的系统涉及医疗、地质、气象、交通、教育、军事等。目前的专家系统主要采用基于规则的演绎技术，开发专家系统的关键问题是知识表示、应用和获取技术，困难在于许多领域中专家的知识往往是琐碎的、不精确的或不确定的。因此目前的研究仍集中在这一核心课题上。

此外，对专家系统开发工具的研制发展也很迅速，这对扩大专家系统应用范围、加快专家系统的开发过程起到了积极的作用。

（4）机器定理证明。

将人工证明数学定理和日常生活中的推理变成一系列能在计算机上自动实现的符号演算的过程和技术称为机器定理证明或自动演绎。机器定理证明是人工智能的重要研究领域，它的成果可应用于问题求解、程序验证、自动程序设计等方面。数学定理证明的过程尽管每一步都很严格，但决定采取什么样的证明步骤，却依赖于经验、直觉、想象力和洞察力，需要人的智能。因此，数学定理的机器证明和其他类型的问题求解，就成为人工智能研究的起点。

（5）计算机博弈。

计算机博弈（或称为机器博弈）是指让计算机学会人类的思考过程，能够像人一样有思想意识。计算机博弈有两种方式：一是计算机和计算机之间对抗；二是计算机和人之间对抗。

20 世纪 60 年代就出现了西洋跳棋和国际象棋的程序，并达到了超高水平。进入 20世纪 90 年代后，IBM 以其雄厚的硬件基础支持开发了后来被称为"深蓝"的国际象棋系统，并为此开发了专用的芯片，以提高计算机的搜索速度。IBM 负责"深蓝"研制开发项目的是两位华裔科学家谭崇仁博士和许峰雄博士。

博弈问题也为搜索策略、机器学习等问题的研究提供了很好的实际应用背景，它所产生的概念和方法对人工智能其他问题的研究也有重要的借鉴意义。

（6）自动程序设计。

自动程序设计是指采用自动化手段进行程序设计的技术和过程，也是实现软件自动化的技术。研究自动程序设计的目的是提高软件生产效率和软件产品质量。

自动程序设计的任务是设计一个程序系统。它将关于所设计的程序要求实现某个目标的非常高级的描述作为其输入，然后自动生成一个能完成这个目标的个体程序。自动程序设计具有多种含义。按广义的理解，自动程序设计是尽可能借助计算机系统，特别是自动程序设计系统完成软件开发的过程。软件开发是指从问题的描述、软件功能说明、设计说明，到可执行的程序代码生成、调试、交付使用的全过程。按狭义的理解，自动程序设计是从形式的软件功能规格说明到可执行的程序子代码这一过程的自动化。因而自动程序设计所涉及的基本问题与定理证明和机器人学有关，要用人工智能的方法来实现，它也是软件工程和人工智能相结合的课题。

（7）组合调度问题。

许多实际问题都属于确定最佳调度或最佳组合的问题，如互联网中的路由优化问题、物流公司要为物流确定一条最短的运输路线问题等。这类问题的实质是对由几个节点组成的一个图的各条边，寻找一条最小耗费的路径，使得这条路径只对每个节点经过一次。在大多数这类问题中，随着求解节点规模的增大，求解程序所面临的困难程度以指数形式增长。人工智能研究者研究过多种组合调度方法，使"时间-问题大小"曲线的变化尽可能缓慢，为很多类似的路径优化问题找出了最佳解决方法。

（8）感知问题。

视觉与听觉都是感知问题。计算机对摄像机输入的视频信息以及话筒输入的声音信息的处理的最有效方法应该建立在"理解"（能力）的基础上，使得计算机只有视觉和听觉。视觉是感知问题之一。机器视觉的前沿研究领域包括实时并行处理、主动式定性视觉、动态和时变视觉、三维景物的建模与识别、实时图像压缩传输和复原、多光谱和彩色图像的处理与解释等。机器视觉已在机器人装配、卫星图像处理、工业过程监控、飞行器跟踪和制导以及电视实况转播等领域获得极为广泛的应用。

2. 机器学习技术

（1）基本概念。

所谓机器学习，是指要让机器能够模拟人的学习行为，通过获取知识和技能不断对自身进行改进和完善。

机器学习在人工智能的研究中具有十分重要的地位。一个不具有学习能力的智能系统难以称得上是一个真正的智能系统，但是以往的智能系统都普遍缺少学习的能力。正是在这种情形下，机器学习逐渐成为人工智能研究的核心之一。它的应用已遍及人工智能的各个分支，如专家系统、自动推理、自然语言理解、模式识别、计算机视觉、智能机器人等领域。其中尤其典型的是在专家系统中的知识获取瓶颈问题，人们一直在努力试图采用机器学习的方法加以克服。

（2）机器学习的发展。

机器学习是继专家系统之后人工智能应用的又一重要研究领域，也是人工智能和神经计算的核心研究课题之一。机器学习是人工智能领域中较为"年轻"的分支，其发展过程可分为4个时期。

20世纪50年代中期到60年代中期，属于热点时期。

20世纪60年代中期至70年代中期，被称为机器学习的冷静时期。

20世纪70年代中期至80年代中期，称为复兴时期。

1986年之后是机器学习的最新阶段。这个时期的机器学习具有以下一些特点：机器学习已成为新的边缘学科并在高校成为一门独立课程；融合了各种学习方法且形式多样的集成学习系统研究正在兴起；机器学习与人工智能各种基础问题的统一性观点正在形成；各种学习方法的应用范围不断扩大，一部分应用研究成果已转化为商品；与机器学习有关的学术活动空前活跃。

（3）学习系统。

学习系统是指能够在一定程度上实现机器学习的系统。1973年国外有学者曾对学习系统给出定义：如果一个系统能够从某个过程或环境的未知特征中学到相关信息，并且能把学到的信息用于未来的估计、分类、决策或控制，以便改进系统的性能，那么它就是学习系统。1977年国外学者又给出了一个类似的定义：如果一个系统在与环境相互作用时，能利用过去与环境作用时得到的信息并提高其性能，那么这样的系统就是学习系统。

机器学习系统通常应具有以下特征。

①目的性：系统必须知道学习什么内容。

②结构性：系统必须具备适当的知识存储机构来记忆学到的知识，能够修改和完善知识表示与知识的组织形式。

③有效性：系统学到的知识应受到实践的检验，新知识必须对改善系统的行为起到有益的作用。

④开放性：系统的能力应在实际使用过程中、在同环境进行信息交互的过程中不断改进。

3. 计算机视觉技术

（1）计算机视觉技术概述。

计算机视觉（Computer Vision，CV）是一门研究如何让计算机像人类那样"看"的学科。更准确点说，它是利用摄像机和计算机代替人眼使得计算机拥有类似人类的那种对目标进行分类、识别、跟踪、判别、决策的功能。计算机视觉是使用计算机及相关设备对生物视觉的一种模拟，是人工智能领域的一个重要组成部分，它的研究目标是使计算机具有通过二维图像认知三维环境信息的能力。计算机视觉是以图像处理技术、信号处理技术、概率统计分析、计算几何、神经网络、机器学习理论和计算机信息处理技术等为基础，通过计算机分析与处理视觉信息。作为一个新兴学科，计算机视觉是通过对相关的理论和技术进行研究，从而试图建立从图像或多维数据中获取"信息"的人工智能系统。计算机视觉是一门综合性的学科，它已经吸引了来自各个学科的研究者参与到对它的研究之中。其中包括计算机科学和工程、信号处理、物理学、应用数学和统计学、神经生理学和认知科学等。计算机视觉也是当前计算机科学中一个非常活跃的领域，计算机视觉领域与图像处理、模式识别、投影几何、统计推断、统计学习等学科密切相关。近年来，计算机视觉与计算机图形学、三维表现等学科也发生了很强的联系。

计算机视觉是在20世纪50年代从统计模式识别开始的。当时的工作主要集中在二维图像分析和识别上，如光学字符识别、工件表面、显微图片和航空图片的分析和解释等。20世纪60年代，美国人通过计算机程序从数字图像中提取出诸如立方体、楔形体、棱柱体等多面体的三维结构，并对物体形状及物体的空间关系进行了描述。到了20世纪70年代，已经出现了一些视觉应用系统。20世纪70年代中期，美国麻省理工学院人工智能实验室正式开设"机器视觉"课程。20世纪80年代以来，计算机视觉的研究已经从实验室走向实际应用的发展阶段。而计算机工业水平的飞速提高以及人工智能、并行处理和神经元网络等学科的发展，更是促进了计算机视觉系统的实用化和涉足许多复杂视觉过程的研究。目前，计算机视觉技术广泛应用于计算几何、计算机图形学、图像处理、机器人学等多个领域。

（2）计算机视觉技术的原理。

计算机视觉就是用各种成像系统代替视觉器官作为输入手段，由计算机来代替大脑完成处理和解释。计算机视觉的最终研究目标就是使计算机能像人那样通过视觉观察和理解世界，并具有自主适应环境的能力。这是需要经过长期的努力才能达到的目标。因此，在实现最终目标之前，人们努力的中期目标是建立一种视觉系统，这种系统能依据视觉敏感和反馈的某种程度的智能完成一定的任务。例如，计算机视觉的一个重要应用领域就是自主车辆的视觉导航，目前还没有实现像人那样能识别和理解任何环境，完成自主导航的系统。因此，目前人们努力的研究目标是实现在高速公路上具有道路跟踪能力，可避免与前方车辆碰撞的视觉辅助驾驶系统。这里要指出的一点是，在计算机视觉系统中计算机起代替人脑的作用，但并不意味着计算机必须按人类视觉的方法完成视觉信息的处理。计算机视觉可以而且应该根据计算机系统的特点来进行视觉信息的处理。但是，人类视觉系统是迄今为止，功能强大和完善的视觉系统之一。对人类视觉处理机制的研究将给计算机视觉的研究提供启发和指导。因此，用计算机信息处理的方法研究人类视觉的机理，建立人类视觉的计算理论，也是一个非常重要和令人感兴趣的研究领域。

4. 进化计算技术

在计算机科学领域，进化计算是人工智能，进一步说是智能计算中涉及组合优化问题的一个子域。其算法受生物进化过程中"优胜劣汰"的自然选择机制和遗传信息的传递规律的影响，通过程序迭代模拟这一过程，把要解决的问题看作环境，在一些可能的解组成的种群中，通过自然演化寻求最优解。

运用达尔文理论解决问题的思想起源于20世纪50年代。20世纪60年代，这一想法在3个地方分别被发展起来。美国有学者提出了进化编程，而来自美国密歇根大学的约翰·霍兰则借鉴了达尔文的生物进化论和孟德尔的遗传定律的基本思想，并将其进行提取、简化与抽象提出了遗传算法。在德国，有学者提出了进化策略。比起人类设计的软件，进化算法可以更有效地解决多维的问题，优化系统的设计。

进化算法正是借用以上生物进化的规律，通过繁殖、竞争、再繁殖、再竞争，实现优胜劣汰，逐渐逼近复杂工程技术问题的最优解。进化计算的主要分支有遗传算法、遗传编程、进化策略、进化编程。

①遗传算法。遗传算法是一类通过模拟生物界自然选择和自然遗传机制的随机化搜索算法，由美国约翰·霍兰教授于1975年在他的专著 *Adaptation in Natural and Artificial Systems* 中首次提出。它是利用某种编码技术作用于称为染色体的二进制数串，其基本思想是模拟由这些数串组成的种群的进化过程，通过有组织的、随机的信息交换来重新组合那些适应性好的数串。遗传算法对求解问题的本身一无所知，它所需要的仅是对算法所产生的每个染色体进行评价，并根据适应性来选择染色体，使适应性好的染色体比适应性差的染色体有更多的繁殖机会。

②遗传编程。遗传编程的思想是美国斯坦福大学的约翰·科扎在1992年出版的专著 *Genetic Programming* 中提出的。自计算机出现以来，计算机科学的一个重要目标就是让计算机自动进行程序设计，即只要明确地告诉计算机要解决的问题，而不需要告诉它如何去做。遗传编程便是该领域的一种尝试。它采用遗传算法的基本思想，但使用一种更为灵活的表示方式——分层结构来表示解空间。这些分层结构的叶节点是问题的原始变量，中间节点则是组合这些原始变量的函数，这样，每个分层结构对应问题的一个解，也可以理解为求解该问题的一个计算机程序。遗传编程即使用一些遗传操作动态地改变这些结构以获得解决该问题的一个计算机程序。

③进化策略。1964年，进化策略由德国柏林工业大学的学者提出。在求解流体动力学柔性弯曲管的形状优化问题时，用传统的方法很难优化设计中描述物体形状的参数，而利用生物变异的思想来随机地改变参数值获得了较好的结果。随后，他们便对这一方法进行了深入的研究，形成了进化计算的另一个分支——进化策略。

进化策略与遗传算法的不同之处在于：进化策略直接在解空间上进行操作，强调进化过程中从父体到后代行为的自适应性和多样性，强调进化过程中搜索步长的自适应性调节，主要用于求解数值优化问题；而遗传算法是将原问题的解空间映射到位空间之中，然后施行遗传操作，强调个体基因结构的变化对其适应度的影响。

④进化编程。进化编程由美国人在20世纪60年代提出。他们在研究人工智能时发现，智能行为要具有能预测其所处环境的状态，并且具有按照给定目标做出适当响应的能力。在研究中，他们将模拟环境描述成由有限字符集中符号组成的序列。

进化计算有着极为广泛的应用，在模式识别、图像处理、人工智能、经济管理、机械工程、电气工程、通信、生物学等众多领域都获得了较为成功的应用。如利用进化算法研究小生境理论和生物物种的形成、通信网络的优化设计、超大规模集成电路的布线、飞机外形的设计、人类行为规范进化过程的模拟等。

5. 智能制造系统中的人工智能技术应用

人工智能在智能制造中的影响正在迅速增长，人工智能适用于任何需感知其环境并采取行动使其成功机会最大化的设备。这包括广泛的技术，如传统的逻辑和基于规则的系统，使计算机能够以至少在表面上类似思考的方式解决问题等。

首先，人工智能应用基于人工智能的优势，包括性能提高、成本控制、流程优化、缩短产品开发周期和提高效率。人工智能的增值还包括可用性和机器通过经验学习的能力。此外，输入成本可能非常低（取决于应用程序的复杂性），而且由于回报周期很短，节省的费用也可能很高。在这方面，区分可能需要云计算的学习阶段和计算方面要求低得多的操作阶段是值得的。

人工智能还改变了机器操作员的工作方式，并有助于他们掌握操作技能。进入工业劳动大军的新一代工人将开始摒弃过时的工艺工具，并将人工智能作为工作丰富的来源，特别是通过机器人过程自动化来实现重复的人类行动。

实际上，人工智能将为人类和机器提供一种新的方式来共同工作，帮助人类了解预测倾向，并解决复杂的问题。例如，管理一个需要严格控制温度、压力和液体流动的过程相当复杂，而且容易出错。为了取得一个满意的结果，许多变量都要被考虑进去。事实上，太多的变量使得人类无法自行解决问题。现在，在人工智能支持运营决策的情况下，安全、安保、效率、生产率甚至盈利能力等关键因素都可以得到优化。另外人工智能可帮助人类进行质量检查，为他们提供视觉分析和声音分析。

其次，人工智能是利用现有系统和新技术的结合来控制工厂运营的盈利能力。当利润控制原则叠加到过程控制中时，就会产生一种盈利效率的策略。实时会计利用来自流程的基于传感器的数据和财务数据来计算整个工业过程的成本和利润点，是运营商获取盈利数据的驱动因素。因此，算法可以帮助运营商从安全和盈利的角度做出最佳决策。

6.4　典型案例

【案例1　工业传感器：工业互联网的第一道门】

工业的发展离不开众多感知技术的支持，其中最为关键的技术之一便是传感器技术。可以说，工业传感器让自动化智能设备有了感知能力。

德国传感器和测量技术协会在《传感器技术2022——让创新互联》报告中指出，传感器技术是很多机器、设备和车辆竞争力的核心技术，是提升其价值增值的手段。与当前快速发展的互联网一样，传感器的发展为其带来机遇与挑战。未来传感器的先进程度决定了机械制造、汽车、过程控制和制造领域的国际竞争力。美国在20世纪80年代就成立了国际技术小组（BGT），从国家层面协调政府资源，帮助企业和相关部门在传感器技术、功能材料等方面开展工作，服务于美国工业制造、智能制造和军工领域。日本在20世纪末就已经将传感器技术列为21世纪十大技术之首，日本工商界直接认为"支配了传感器技术就能支配新时代"，并将传感器技术的开发利用列为21世纪国家重点发展六大核心技术之一。

我国工业传感器经过半个多世纪的发展，在体系、规模、产品种类、基础技术研究、产学研用一条龙建设等多方面取得了一定的进步，基本满足了改革开放以来快速发展的国民经济建设需要。但我国工业传感器产业自身所存在的共性基础研究不力、创新能力弱、核心技术少、核心元件成果走不出实验室、核心元器件国产化严重缺失的问题并没有得到根本解决。我国基础科学研究短板依然突出，企业对基础研究重视不够，重大原创成果缺乏，底层基础技术、基础工艺能力不足，基础元器件、基础材料等瓶颈仍然突出，关键技术受制于人的局面没有根本性改变。工业传感器作为现代工业的基础、工业革命的基石，对我国整个工业产业发展具有"四两拨千斤"的重要作用。

当前国内工业传感器面临的矛盾与问题有如下几点。

第一，产学研用链条失灵，产业化问题仍然未受重视。我国传感器企业95%以上属小型企业，规模小、研发能力弱、自主研发动力不足，无法负担技术由实验室阶段过渡到产业化这一过程中所需的经费及风险。而原本承担基础技术研究以及实验室成果转化工作的国有科研转制院所，在新形势下自主研发投入能力有限，无法也无能力全力开展相关工作，从而造成目前我国传感器基础研究不力、创新能力弱、核心技术少、核心元件成果走不出实验室、产学研用链条失灵的问题。

第二，核心元器件高度依赖进口。传感器创新体制及相关政策不明确、不完善，资金使用、基础研究立项、核心技术开发、核心元件配套等以分散的形式开展工作，无法形成有力的科研创新体系来完成基础核心技术和成果推广。如重大装备核心装置用传感器、变送器，几乎100%从国外进口，相关核心敏感元器件95%以上依赖国外进口。

第三，对传感器技术的顶层设计、基础工艺和共性关键技术缺乏统筹规划。国家对传感器产业虽然极其重视，特别是近10年集中出台了大量鼓励行业发展的政策制度，但在战略层面仍然缺乏共识，不同行业或者部门对于传感器行业发展各自为政。缺乏对基础工艺、共性关键技术的研究，缺乏系统的培育和引领，导致基础工艺发展滞缓，共性技术研究滞后，产业分散，低水平重复发展严重，没有形成龙头效应，更缺乏类似欧洲以及美国传感器行业各个分类明晰的产业和技术隐形冠军。

第四，配套人才匮乏。我国传感器行业针对复合型人才的要求很高。由于国内专业学科设置局限性及国外公司对人才的掠夺性招聘，人才流失现象屡见不鲜。缺乏既懂管理、又懂技术、还会经营的复合型管理人才，或者是工艺、技术、管理等方面的全方位技术人才。

【案例2　东风悦达起亚：从一家工厂说起，如何实现智能化生产】

智能制造是贯彻落实国家的战略部署，是两化深度融合的主攻方向。当前，智能制造技术在东风悦达起亚制造领域已开始普及应用。现以东风悦达起亚第三工厂的建设为例，阐述东风悦达起亚的智能制造。

（1）智能制造技术总体设计和导入。

我国工业制造发展至今经历了"工业1.0"（机械制造）、"工业2.0"（流水线、批量生产，标准化）、"工业3.0"（高度自动化，无人化生产）和"工业4.0"（智能化生产，虚实融合）等阶段。从传统制造走向大规模个性化定制，由集中式控制向分散式增强型控制的基本模式的转变，要求建立一个高度灵活的个性化、数字化和高度一体化的产品与服务生产体系。

　　汽车整车及零部件制造业要实现个性化产品的高效率、批量化生产，必须综合兼顾物料供应协同、工序协同、生产节拍协同、产品智能输送等诸多环节。东风悦达起亚第三工厂就是按照智能化的先进模式进行生产的，冲压、焊装、涂装、总装四大工艺高效协同，综合考虑到小批量生产、物料配送、工序协同等因素。

　　在生产过程中，东风悦达起亚冲压、车身、涂装、总装和发动机工厂应用智能设备及系统构建了自动化生产体系，其中金属板件生产、车身焊接、涂装中上涂、发动机加工全部实现自动化，在物料配送、混流生产等方面实现了智能化。

　　冲压车间采用5 400吨全自动模块冲压生产线，各车型、板材间可以快速切换生产；车身车间实现焊接自动化，同时，采用全自动精度检测机器人、全自动间隙精度检测机器人以及白车身清洁机器人，可以确保生产白车身的高品质；涂装车间采用柔性化的喷涂系统，实现十多种颜色的快速切换；总装车间采用可实现多车型互换交叉生产的柔性生产体系，同时，采用的质量完结系统，可以实现车间的质量管理信息化、质量提升高效化。

　　（2）智能化柔性生产技术。

　　随着科学技术的发展，用户对产品功能与质量的要求越来越高，产品更新换代的周期越来越短，产品的复杂程度也随之提高。

　　为了提高制造业的柔性与效率，在保证产品质量的前提下，缩短产品生产周期、降低产品成本，智能化柔性生产线在汽车行业内得到普及。

　　东风悦达起亚第三工厂目前已经通过生产管理、计划管理、设备监控、零部件集配管理等实现了高度的柔性生产，5种车型（50多种细分式样）可以在同一条生产线上共线柔性生产。

　　（3）智能化系统及控制技术。

　　东风悦达起亚从韩国导入了汽车行业先进的生产管理模式，并进行了相应的本地化改造。

　　整个工厂利用先进信息技术，通过现场设备总线、现场控制总线、工业以太网、现场无线通信、数据识别处理设备以及其他数据传输设备，将智能自动化装备的各个子系统连接起来，使生产流程进一步由自动化提升到智能化，使智能自动化生产线从本质上实现高效、安全、柔性制造。

　　客户下订单后，订单信息迅速由DMS传入APS，APS根据客户订单紧急程度进行对应的操作，迅速计算出所需物料，并计算出对其他订单的联动影响（物料供应、交货期等）。

　　MES在接收到排产信息后，迅速安排车辆上线生产，所有的物料及工序信息通过控制台发往各终端，及时应对生产线物料的消耗，所有相关的产量、物料消耗信息、序列信息及时在现况板上进行展示。

　　（4）智能化机器人的普及。

　　随着智能自动化生产线行业的持续发展与优化升级，关键环节的智能机器人应用将得到进一步的提高。

　　东风悦达起亚第三工厂现有各类智能机器人600余台，主要用于焊接、喷涂、包边及精度检测等方面，为公司的精益生产、优良品质打下了坚实基础。机器人之间的通信由专门的工业网络承担，有专门的系统实时监测机器人的各项指标参数及其运行状态，为检修和追溯提供依据。

6.5　拓展阅读

　　工业数字化是智能制造或者工业4.0绕不过去的一个关键支撑。可是，国内工业界很多人误认为"需要像投资自动化一样投资数字化"。难道给车间或设备装上芯片和传感器，通过后台软件编个程序，机器就能"数字化"吗？这是迷茫中的一种误解。如果简单，那么每个工业企业只需要扩招一批软件工程师，帮设备写代码就行了。而现实是，工业领域的数字化、智能化进程仍然缓慢。其实，工业数字化最关键的部分，不是生产端，而是更前面的设计端。

　　离散工业的研发成本普遍很高，而其中消耗最大的是试错成本。在传统工业中，有人制造出一台新设备，就必须全部造完，零部件组装好，随后试运行。如果在运行的过程中发现错误，修改是很累的，零件拆了改、改了再装，需要一次次人工试验、动手安装，最终才能完成。

　　运用数字化技术（实现"数字孪生"）能够大幅降低研发过程中的试错成本。也就是说，这台设备无须真的"造"出来，只需把每个零部件的材料、物理属性、形状大小全部输入计算机，怎样运作的工作原理也输入计算机；随后由计算机来模拟它运行时是什么状况，会有哪些效果；工程师如果觉得结果不过关，可以直接在计算机里修改设计。

　　数字孪生是充分利用物理模型、传感器更新、运行历史等数据，集成多学科、多物理量、多尺度、多概率的仿真过程，在虚拟空间中完成映射，从而反映相对应的实体装备的全生命周期过程。数字孪生是一种超越现实的概念，可以被视为一个或多个重要的、彼此依赖的装备系统的数字映射系统。数字孪生是一个普遍适应的理论技术体系，可以在众多领域应用，在产品设计、产品制造、医学分析、工程建设等领域应用较多。在国内应用最深入的是工程建设领域，关注度最高、研究最热的是智能制造领域。

　　数字孪生标准体系可包含以下部分。

　　基础共性标准：包括术语标准、参考架构标准、适用准则3个部分，关注数字孪生的概念、参考框架、适用条件与要求，为整个标准体系提供支撑。

　　数字孪生关键技术标准：包括物理实体标准、虚拟实体标准、孪生数据标准、连接与集成标准、服务标准5个部分，用于规范数字孪生关键技术的研究与实施，保证数字孪生实施中的关键技术的有效性，破除协作开发和模块互换性的技术壁垒。

　　数字孪生工具/平台标准：包括工具标准和平台标准两部分，用于规范软硬件工具/平台的功能、性能、开发、集成等技术要求。

数字孪生测评标准：包括测评导则、测评过程标准、测评指标标准、测评用例标准4个部分，用于规范数字孪生体系的测试要求与评价方法。

数字孪生安全标准：包括物理系统安全要求、功能安全要求、信息安全要求3个部分，用于规范数字孪生体系中的人员安全操作、各类信息的安全存储、管理与使用等技术要求。

数字孪生行业应用标准：考虑数字孪生在不同行业/领域、不同场景应用的技术差异性，在基础共性标准、关键技术标准、工具/平台标准、测评标准、安全标准的基础上，对数字孪生在机床、车间、工程机械装备等具体行业应用的落地进行规范。

"数字孪生"的工业应用实质上就是把现实中的工厂，从设备、流水线到车间，一切都转化成数据，由计算机虚拟运作，产生一个个模拟结果，对不满意的部分可以直接在计算机里修改。如果等一切变成物理设备，成为真实的生产线，再提什么"数字化"就为时已晚了。

讨论与交流

智能制造在传统行业中的应用对制造企业产生了哪些影响？

本章小结

本章主要介绍了智能制造核心技术，包括智能硬件技术、智能识别技术和智能信息技术3个方面。其中，智能硬件技术主要介绍了工业机器人、数控机床和智能仓储；智能识别技术主要讲解了机器视觉技术、射频识别技术、工业互联网和智能传感器4个方面；智能信息技术主要包括工业大数据、云计算和云服务技术、虚拟制造技术以及人工智能技术。最后介绍了两个典型智能制造技术的应用案例。

思考与练习

1. 名词解释

（1）工业机器人 （2）数控机床

（3）智能仓储 （4）工业互联网

（5）智能传感器 （6）虚拟制造技术

（7）人工智能技术 （8）工业大数据

第一台工业机器人在_____诞生，开创了机

____方式区分为_____和示教输入型两类。

本组成包括加工程序载体、数控装置、伺服与测量反馈系____置。

_____和_____两种。

____上来说包含3个部分：标签、阅读器、_____。

____3类，提出了"_____"的分类方法，即"以_____

____以_____为中心的虚拟制造"和"以_____为中心

____的3种要素：_____、高级分析、工作人员。

____据的3V特性包括_____、多样性和高速度。

____器人由主体、驱动系统和（　　　）3个基本部分组成。

____系统　　　　　　　　　　B．识别系统

C．机械系统　　　　　　　　　D．控制系统

（2）智能物流及仓储系统是由（　　　）、有轨巷道堆垛机、出入库输送系统、信息识别系统、（　　　）、（　　　）、计算机管理系统以及其他辅助设备组成的智能化系统。以下（　　　）不属于该系统。

A．立体货架　　　　　　　　　B．立体仓库

C．自动控制系统　　　　　　　D．计算机监控系统

（3）虚拟制造可以分为3个层次：（　　　）。

A．宏观层、中观层、微观层

B．宏观层、微观层、细小层

C．中观层、微观层、宏观层

D．大层、中层、小层

（4）云服务主要分为基础设施即服务、（　　　）及软件即服务3个层次。

A．平台即服务　　　　　　　　B．设备即服务

C．客服即服务　　　　　　　　D．计算机即服务

（5）按照结构化程度来划分，数据大致分为结构化数据、非结构化数据和（　　　）。

  A. 半结构化数据   B. 大结

  C. 整结构化数据   D. 全结

（6）RFID技术最早起源于（ ），应用于第

  A. 英国   B. 美国   C. 德国

（7）我国工业机器人起步于（ ），其发展过程大

  A. 20世纪60年代初   B. 20世纪70年代

  C. 20世纪80年代初   D. 20世纪90年代

（8）云计算是由分布式计算、（ ）、网格计算发展

计算模型。

  A. 单线处理   B. 串行处理

  C. 并行处理   D. 多线处理

4. 简答题

（1）简述工业机器人的主要应用领域。

（2）简述数控机床的主要特点。

（3）简述射频识别技术的基本工作原理。

（4）简述智能传感器有哪些特点。

5. 讨论题

（1）射频识别技术的应用有哪些？举例说明。

（2）智能制造系统中的大数据技术应用有哪些？

（3）智能制造系统中的智能硬件技术主要包含哪些？请列举出应用的例子。